NETFLIX 戦略と流儀

長谷川朋子
ジャーナリスト

744
中公新書ラクレ

まえがき

世界190以上の国と地域で総有料会員数2億人強のトップシェアを誇るネットフリックスの存在は唯一無二だ。

コンテンツ市場で流通革命を起こし、いまやハリウッドの勝ち組と当たり前のように肩を並べ、急成長ぶりをまざまざと見せ続けている。配信ビジネスとテクノロジーの掛け合わせによって、ビンジウォッチング（＝一気見）という新しい視聴スタイルも生み出した。ネットフリックスのビジネス戦略が、遠い国の大企業のサクセス・ストーリーに終わらないのは、かれらが日々提供している生き生きとしたコンテンツが、我々の心にも生活の中にも入り込んでいるからだ。

世界中の企業がコロナ禍に見舞われている時でさえ、ネットフリックスは驚異的な成長を見せつけている。新型コロナウイルスが世界的に拡大していった2020年1~3月期には1600万人近い新規有料加入者を獲得し、過去最大の加入者数増を記録した。同年3月末の段階で既にネットフリックスの有料会員総数は1億8286人に上った。動画配信サービス全体で10億人規模の市場を作り出した、その牽引力《けんいんりょく》を担っているのは現状、間違いなくネットフリックスである。

その躍進のカギとはいったい何なのか。その疑問を解いていくことで、ネットフリックスが独自に進めてきたビジネス戦略とかれらの流儀を解明し、今求められるビジネスのヒントをつかみ出せるのではないか。

ネットフリックスの戦略の特色は、以下の通り、3つある。

ネットファースト展開

ネットフリックスはコンテンツ業界で異端児扱いされている。

1話数億円規模のドラマをネットファーストで展開する、そんなバカげたビジネスモデルはあり得ない。当初は否定的な意見ばかりがささやかれていた。だが、2013年公開のオリジナルドラマ『ハウス・オブ・カード　野望の階段』の成功がその状況を一気に変えた。アメリカではケーブルテレビからネットフリックスに乗り換えるコード・カッティング現象まで起こってしまった。すると、世界中のクリエイターやプロデューサーたちが、ネットフリックスが求める企画を探り、情報収集に乗り出していった。「我こそは新しい映像配信でチャンスをつかみたい」。そんな空気感が漂い始めた。その頃は、テレビ業界内でテレビと動画配信の対立が懸念され、テレビは終わりゆく旧コンテンツだという認識が世界中で指摘され始めていた。ネットフリックスのやり方こそがコンテンツビジネスの新たな可能性を見出すものとして急速に支持されていったのである。

専門的な話になるが、コンテンツビジネスは「権利」が密接に関わっている。ネットフリックスは、映画業界が長年死守してきた、「ウィンドウ戦略」と言われる劇場公開から配信までの権利運用の流れも大胆に壊し、ネットファーストの独自戦略を崩さない姿勢を示したのだ。それに反対する声も保守派の間では根強く、第3章で詳述するように、2017年のカンヌ映画祭ではネットフリックス作品を受賞の除外対象に挙げる騒ぎにまで広がってしまった。このように異端児扱いされながらも、ネットファースト展開にこだわったことが1つ目の特色である。

ユーザー第一主義

2019年、世界最高峰の映画の祭典「第91回米アカデミー賞」で、ネットフリックスが独自配信を手掛けた映画『ROMA／ローマ』（アルフォンソ・キュアロン監督・脚本・共同製作・共同編集）が監督賞・外国語映画賞・撮影賞の主要3部門でオスカーまで勝ち取ってしまった。この快挙はオリジナル作品に力を入れていたネットフリックスのビジネス戦略の勝利と言える。コンテンツ力があれば、一般ユーザーから批評家からも支持されるようになる。だからこそ単に作品を並べるだけでなく、有望なクリエイターを積極的に登用し、独自コンテンツを売りにしてきたのだ。このユーザー第一主義が2つ目の特色である。

社会現象を起こすコンテンツも、数々生み出されている。2019年1月1日に全世界配信された片づけコンサルタントの「こんまり」こと近藤麻理恵氏のリアリティショー『ＫｏｎＭａｒｉ～人生がときめく片づけの魔法～』がそのひとつだ。アメリカでは、「こんまり流片づけ」を意味する「Kondo-ing（コンドーイング）」という動詞が一般化するほどの影響を及ぼした。

ローカル発グローバル

時代の先を読む力も強みである。ハリウッドだけが世界を制する時代は終わる。ネットフリックスは虎視眈々とチャンスをうかがっていた世界各地に散らばる作り手たちをすくい上げ、多言語、多文化に触れることができるコンテンツ群を増やしていった。このローカル発グローバル戦略が３つ目の特色だ。後に述べるように、各国でオリジナル制作の作品を次々と手掛け、日本の１９８０年代のアダルトビデオ業界を舞台にした『全裸監督』は日本発世界ヒットの代表例になった。日本上陸４年目にして、『全裸監督』のヒットによって日本でも会員数が急増し、「趣味がネットフリックス」と表現されることも一般化してきている。世界ヒットを狙える日本のアニメを生み出す好循環にもつなげている。

コロナ禍の世の中はかつてないほどの経済不況に陥り、新しい生活様式が探求され、社会で当たり前とされていたことも見直されている。巣ごもり消費の広がりをきっかけに、エンターテインメント（エンタメ）業界だけでなく、あらゆる業界の潮目も変わることになるだろう。そんな時代には、既存のヒットの法則を打ち破り、独自の流儀を持ってのし上がってきたネットフリックスの戦略が生き残り策のヒントになるだろう。

本書は、ネットフリックスが与えた影響力について国内外の視点からみるビジネス論である。加えて、作り手たちの野望に触れるヒューマンドキュメントでもある。国内外のコンテンツ流通ビジネス事情を長年にわたって取材し続けてきた筆者が、今こそ学ぶべきネットフリックスの戦略と流儀を解説する。先の見えない状況のなかで、本書が少しでもビジネスの糸口を見出すことのできる一助になればと思う。

著者

目次

第2章 なぜ『全裸監督』の大ヒットが生まれたのか？

第3章 動画配信の覇者 ネットフリックス躍進のカギ

写真提供／ネットフリックス
※いずれも独占配信中
本文ＤＴＰ／今井明子

NETFLIX　戦略と流儀

第1章

なぜ、ムーブメントを作り出すことができたのか

巣ごもり消費トレンドに食い込んだ

なぜ、ネットフリックスファンが世界中に広がっていったのか。今や「趣味がネトフリ」と会話の中で聞かれるのも当たり前。動画配信サービスの代名詞として使われるまでになっている。そればかりか、80年以上の歴史があるテレビ放送の存在をも揺るがしている。時代の変わり目をチャンスに、ネットフリックスは動画配信覇者へと上り詰めていったのだ。第1章ではネットフリックスを取り巻く環境がどのように変遷したのかを紐解きながら、ネットフリックスが世界中で2億人ものファンを獲得できた理由を探っていく。

ネットフリックスが世界規模でファンを集める強者であることを印象づけたのは、全世界がほぼ同時にコロナパンデミックに見舞われた時だったことに間違いない。世界が未曽有の事態に陥るなか、2020年6月末時点でネットフリックスの有料会員数は、世界全体で1億9300万人に到達した。この2億人に迫る数字を聞いた時、これまで〝異端児〟と呼ばれ続けてきたネットフリックスらしいタイミングであるとも思った。

世界中でロックダウンが起こり、外出自粛で経済活動が停滞するなかで、唯一伸びた巣ごもり消費に見事にハマった。新たなトレンドの動きに食い込んでいく力は異端児の特徴でもある。

日本でネットフリックス独占配信作品の韓国ドラマ『愛の不時着』ブームが起こったように、海外でもネットフリックス作品への支持は高まっていった。欧米ではアメリカのドキュメンタリーシリーズ『タイガー・キング：ブリーダーは虎より強者?!』と『マイケル・ジョーダン：ラストダンス』が爆発的に人気を集めた。コロナ関連のニュースや情報がひしめくなかで、現実逃避に適した設定のラブストーリーやセンセーショナルな犯罪ドキュメントに夢中になる人が続出したのだった。「パンデミックはネットフリックスが視聴者の生活に欠かせない存在であることを明確に示した」と語るアナリストは多い。

その結果、ネットフリックスは2020年1月から6月までの半年間だけで、2019年に年間を通じて達成した2800万人とほぼ同水準の2600万人もの有料会員を獲得していた。そして、ついにネットフリックスはその年の暮れの12月末に、有料会員数2億人を突破した。通年で過去最高の3700万人の有料会員数を増やしたのだ。コロナ禍で目覚ましい成長を遂げ、2020年はネットフリックスにとって節目の年になった。

2021年に入ると早くも一部では「ネットフリックス燃え尽き症候群」や「ブームの終焉」と言われるようになる。コロナのような特殊な環境が起こらない限り、向こう5年間はネットフリックス史上最も成功した2020年ほどの成長は期待できないかもしれない。だが、一方でネットフリックス最強説も根強く残る。日々業界動向を追っている筆者もネットフリックスの真の実力が示されるのは、ここからだと思っている。動画配信サービスが従来のテレビ放送に代わり得るエンターテインメントとして認識されたことが、その理由だ。

コロナ以前から世界の誰とでもスカイプで話はできたが、プライベートからビジネスまでZoomで会うようなことが一般化されたように、動画配信、ネットフリックスというものを実際に利用し、体験を広げた人は多いだろう。コロナ禍で再認識されたものと言えば、リモートワークもそうだ。働き方の選択肢が広がったように、コンテンツを視聴する時間やタイミングの選択肢を広げる動画配信サービスが今の生活スタイルにマッチしていると感じた視聴者は確実に増えた。

リアルタイム視聴に拘《こだわ》らない見逃し配信やVOD（ビデオ・オン・デマンド＝視聴者が観たい時に様々なコンテンツを視聴できるサービス）サービスの利用がテレビ市場のトレンドであることはフランスのリサーチ会社Glance（グランス）も指摘している。2021年4月に開催された世界最大級のコンテンツ見本市MIPTV Digital に登壇した同社副社長のフレデリック・ヴォールプレ氏は「人気コンテンツを視聴するタイミングはリアルタイムに限らない。テレビ放送コンテンツの大部分は見逃し配信で視聴されている」と話していた。注目すべきはコンテンツの視聴方法の広がりだ。リアルタイムで放送されるテレビとオンデマンドでいつでも視聴できる動画配信サービスの区別は以前より曖昧になっているという。コンテンツをリアルタイムで観るか、見逃しで観るか、そもそもいつ観るか。視聴者による自由選択の時代に入っている。

ネットフリックスは2021年第1四半期（2021年1月〜3月）の実績を発表した時、株主への手紙でこの映像市場トレンドに触れていた。「短期的には、Covi d－19（コロナ）による不確実性があるが、長期的には世界中でテレビ放送に代わるストリーミングの台頭がエンターテインメントのトレンドにある」と強調していた。

欧州テレビ市場の動向

ちょうどその頃、イギリスのリサーチ会社アンペア・アナリシス（Ampere Analysis）の調査で、ネットフリックスがドイツの公共放送局ＡＲＤを抜いて、欧州テレビ市場で第2位のポジションにいることがわかった。２０２０年の欧州テレビ市場の収益シェアは英スカイを持つ米コムキャストが12％でトップ、これに続いてネットフリックスが６・１％と、シェアを2位にまで広げていたのだ。次いでＡＲＤが５・７％、イギリスＢＢＣが４・２％、フランス有料テレビCanal+が３・２％と続く。

アンペア・アナリシスのプリンシパルアナリスト、トニー・マルーリス氏は欧州におけるネットフリックスの成長についてこのように捉えている。「ネットフリックスはヨーロッパで急速に成長してきた。２０１６年にはヨーロッパ全体でサービス展開するようになり、10億ドルの売上を突破した。２０１７年には、ヨーロッパのサブスクリプシヨンサービスの中で最大の会員数を記録した。さらに2020年に、欧州での収益シェア2位を達成し、もう1つのマイルストーンに到達した。ネットフリックスの急成長には限界がないように思える」。

欧州テレビ市場全体の売上のうち、ネットフリックスが6％以上を占めるまでに成長したインパクトは強い。なぜなら、欧州は日本と同様に高齢化社会を背景として、テレビ放送の視聴習慣は揺るぎないものだと思われていたからだ。ほんの5年前は、ネットフリックスの市場参入には懐疑的な見方が色濃く残っていた。だが、2020年の1年間で欧州におけるネットフリックスに対する見方は大きく変わっていた。

アンペア・アナリシスは、欧州の既存のテレビ局に与える影響について、「ネットフリックスが成功を収める一方で、既存の放送局は危機的状況に直面している。コロナ禍でテレビ広告市場を衰退に追い込み、テレビの広告価値をも悪化させ、それが加速している」と指摘している。また、何よりネットフリックスが一時的なブームで終わらない理由はネットフリックスが多くの民放局よりも潤沢な資金力を持っていることにある。「今後数年のうちに、制作費の規模においてもテレビ局と圧倒的な差をつけていくだろう」と、予想している。潤沢な資金で生み出されるコンテンツ群がネットフリックスの強みであることは後の章でも説明していく。いずれにしろ、ネットフリックスが有料会員2億人に達したことはこの先のテレビエンターテインメント市場の行方を見極めるものになったことは間違いない。

世界のSVODユーザー数10億人を突破

基本的なことだが、ネットフリックスはSVOD（サブスクリプション・ビデオ・オンデマンド＝定額制動画配信）で提供されるサービスだ。このSVODユーザー数そのものがネットフリックスに限らず世界全体で増加傾向にある。ここで一旦、全体の流れを把握していく。

SVODユーザー数は2011年から右肩上がりで成長し続け、2020年には10億人の大台に乗った。SVODが日常のエンターテインメントサービスとしてどの程度普及しつつあるかは、無料の動画共有プラットフォームとして世界最大のユーザー数を抱えるYouTubeの利用者数と比較するとわかりやすいだろう。YouTubeの利用者は世界で20億人以上（２０２１年８月現在）に上る。ＹｏｕＴｕｂｅによれば、これはインターネットを利用する全人口の３分の１にあたるという。つまり、インターネット経由で動画コンテンツを気軽に楽しむ層の半分、インターネット全人口の２割弱が、有料でＳＶＯＤを利用しているということになる。ユーザー数の上では世界的に市民権を得ているＹｏｕＴｕｂｅほどの規模ではないが、お金を払ってまで利用したくなるサービスへと発展していることはわかる。

イギリスのリサーチ会社デジタル・ＴＶ・リサーチ（Digital TV Research）社のレポートによると、２０２０年はＳＶＯＤユーザー数がピーク時に２億人も増加していたこともわかった。これほどの成長率は今後見込めないかもしれないが、成長軌道はこのまま続いていくというのが大方の見方だ。２０２６年には世界全体で約15億人と見込まれる。着実に普及しつつあるエンターテインメントサービスなのである。

グローバルに広がっているＳＶＯＤユーザーの、国別の全体傾向についても触れたい。現状、アメリカと中国の２国がＳＶＯＤ大国と言える。この２国だけで世界全体の59％を占める（２０２０年末）。アメリカが多い理由は、ざっくり言えば、ネットフリックスをはじめするSVODサービスの本場であるからだ。ネットフリックスとアマゾン・プライム・ビデオの両方のアカウントを持つアメリカのSVODユーザーの6割が利用時間にのべ10万時間以上を費やしているとも言われている。一方、中国はアジアきってのSVOD先進国である。アジアの中ではSVODユーザーの6割を中国ユーザーが占める。中国ではネットフリックスは提供されていないものの、巨大IT企業のテンセントなど自国のSVODサービスが早くから発展していたことが大きい。

アメリカと中国のSVODユーザー数はこの先5年後も増加傾向が予想されているが、2国の全体シェアは5割を切ることが予測されている。なぜなら、他国の伸びも顕著だからだ。なかでも目立つのはインドである。インドでもネットフリックスは人気のサービス。インド全体のSVODユーザー数は、2020年から2026年にかけて約3倍の1億5500万人に伸びることが見込まれ、世界全体の10％を占めることになる。

アジア太平洋の状況をもう少しだけ詳しくみていくと、先の通り中国が市場の6割という圧倒的なシェアを占めてトップを走る。イギリスのリサーチ会社オーバム（Ovum）社の調査（2019年集計／各国・地域の動画配信トップ5プレイヤーの会員数合算値）によると、中国に続くのが日本である。16％のシェアで2位となり、韓国、オーストラリアが同率の6％で3位、インドはこの時点では5％で5位である。6位以下はニュージーランド、台湾、香港、マレーシア、シンガポールと続く。アジアは「キャリアビリング」と言われるキャリア決済（携帯電話などの電気通信事業者が、通話料金などとあわせてコンテンツの料金などを徴収するサービス）が普及を後押していることがひとつの特徴である。アジア各国・地域はおしなべて動画配信サービスが普及しつつあり、5G時代を追い風に増加傾向が続いているのだ。

一方、SVODユーザー数の伸びは複数のサービスの利用者によって支えられている面がある。2020年時点ではSVODユーザーは世界平均で1・74個のサービスを利用しているという。さらに2026年には1ユーザーが平均で2つ以上、2・14個のSVODサービスに加入している予測が出されている。公表されている調査データはないが、「月ごとに複数のサービスを乗り換えながら利用しているユーザーが多数いる」というのがサービス事業者からよく聞く話だ。ユーザーはSVODという賑わうストリートの中で自由自在に行き来している。そんなイメージだ。

さらに、イギリスのリサーチ会社アンペア・アナリシスのシニアアナリスト、トビー・ホレラン氏は「消費者は家計の支出が上限に達すると、厳しい目を持って選択していくことになる。細分化されたサービスのなかで明確なブランド性がないサービスは厳しい状況に陥っていくはずだ」と指摘する。全くその通りであり、ユーザーから選ばれ続けなければ勝ち残ることはできない。そのカギを握るのはサービスそのものの使いやすさや、提供されているコンテンツ数とバリエーション、そして観たいコンテンツがあるかどうかだ。ネットフリックスはこれらの点を踏まえつつ、ブランド力を大事にしてきた。

動画配信プレイヤーの現状

ＳＶＯＤユーザー全体の傾向をつかんだところで、続いてネットフリックスを含む動画配信プレイヤー全体の動きに注目していく。ネットフリックスがいかに2億人のファンを集めることができたのか、その背景を知り得るものになる。

２０１９年12月に筆者がシンガポール現地でアジア最大級のコンテンツ見本市アジ

ア・TV・フォーラム&マーケット（ASIA TV FORUM & MARKET、以下ATF）を取材した時のことだ。イギリスのリサーチ会社オーバム社が動画配信市場について報告した内容はプレイヤーの全体像を把握できるものになった。

２０１１年からこれまでの10年を振り返ったそのまとめは「グローバル展開を進めてきたネットフリックスやアマゾンが市場を牽引し、各国・各地域で同じようなサービスを運営するローカル系のプレイヤーが多く生まれていった」というもの。まさに動画配信市場というストリートにプレイヤーが次々と店を構え、そこに人が集まり、賑わいを見せるまでに成長した10年というイメージである。さらにこの先の10年について、「動画配信市場は新たな時代を迎える」と予測していた。新しい時代においてもネットフリックスは主役であることに変わりはないが、プレイヤーの立ち位置の構造が複雑化していく時代になっていくということだ。実際、２０２０年にその流れが進んでいった。

現状の勢力図から解説していくと、２億人という圧倒的なユーザー数を誇るネットフリックスがその中心に鎮座している。そして、その横にネットフリックスと共に市場を牽引してきたアマゾンと、２０１９年後半にディズニーが直下のSVODサービスとしてローンチしたディズニープラスが並ぶ。

アマゾンは2020年末でプライム会員数が全世界で2億人に達したことを明らかにしている。そのうち、動画配信サービスのアマゾン・プライム・ビデオをどれだけの人数が利用しているのかどうかは明らかになっていないが、イギリスのリサーチ会社オムディア（Omdia社）の算出によれば、その規模はおおよそ1億人以上だ。ディズニープラスのユーザー数も急浮上し、2021年3月に1億人に達したことが発表された。つまり、グローバル展開で成功するネットフリックスとアマゾン、ディズニープラスの3強が現在、市場を牽引している。それが顕在化されたのが2020年である。この3者について2020年に開催された海外ウェビナー「デジタル・TV・ヨーロッパ（Digital TV Europe）」に登壇したオムディア社も「ロックダウンの主役だった」と、断言していた。

この3強の足元に数千人規模のプレイヤーが並ぶ。2019年にローンチしたアップルTVプラスや2020年開始のNBCユニバーサルのピーコック（Peacock）、同じく2020年開始のワーナーメディア傘下のHBOマックス、そして2021年3月にC

BSオールアクセスの後継としてパラマウント・ピクチャーズがリブランドしたパラマウントプラスといった面々だ。いわゆるGAFA《ガーファ》（グーグル、アマゾン、フェイスブック、アップルの4社）運営とハリウッド直下のサービスが並んでいる。

勢力図を見直し、改めて思うことがある。動画配信ストリートは賑わうどころか、「戦国時代到来」と表現する方が適している。世界各国の映像業界関係者が集結したシンガポールATFの会場では、2019年末の時点で既に「ハリウッドメジャー系のアジア地域でのローンチはいつになるのか？」といった声で溢れていた。勝つか負けるかの熾烈な闘いを前にした、戦闘態勢モードのようだった。そして「ネットフリックスがグローバル展開を本格的に広げた2016年頃のような変革期を、今後迎えていくのではないか」と予想された通りのことが起こっている。

2021年の前半までにわかった今後の動きとしては、アメリカ通信大手のAT&Tがディスカバリー社と手を組み、ディズニーに次ぐ世界第2位の規模となるメディア企業を誕生させようとしている話がまず挙げられる。AT&Tは傘下のワーナーメディアを切り離し、ディスカバリーとの合意により、ワーナーメディアとディスカバリーが経営統合した新会社で動画配信サービスの強化を図っていくというのだ。既に両社はワーナーメディアが運営するＨＢＯマックスと、ディスカバリーの「ディスカバリープラス」の、グローバル展開を進めている最中にある。２０２２年半ばを目処に設立される新会社では、両社合わせて１００以上を数える既存のメディアブランドを活かしながら、そのバリエーションを目玉にネットフリックス対抗策が投じられていくのであろう。

さらに、アマゾンが映画会社メトロ・ゴールドウィン・メイヤー（ＭＧＭ）を84億5０００万ドル（約９２００億円）で買収することを発表した。この買収劇も動画配信サービスが核となる。ＭＧＭはスパイ映画『００７』シリーズをはじめ、４０００本以上の映画カタログを保有するほか、日本でかつてヒットしたバラエティ番組『¥マネーの虎』のアメリカ版『シャーク・タンク』や、リアリティショーの先駆けともいえる『サバイバー』、オーディション番組『ザ・ボイス』など、テレビ番組も数多く手掛けている。最近は韓国を代表する芸能事務所ＳＭエンタテインメントと提携し、Ｋ－ＰＯＰ音楽コンテンツ番組の開発にまで手を広げた。これら資産価値の高いＩＰ（intellectual property：知的財産）をアマゾン・プライム・ビデオで活用することが買収の狙いにある。ネットフリックス、ディズニープラスと並ぶ3強状態から、アマゾンもゲームチェンジャーを買って出て、頭一つ抜けだそうというわけだ。

アジアは2強、日本はプレイヤー乱立状態

ネットフリックスを取り巻くアジアにおけるプレイヤーの動きもここで押さえておきたい。ネットフリックスが日本に上陸した2015年頃は、ネットフリックスがまさにサービス展開地域を拡大させている最中だった。その翌年の2016年に展開地域は190ヵ国・地域以上に上り、アジア各地でもネットフリックス旋風が巻き起こっている。同時に、競合他社の動きはアジアにおいても激しい。

アジアはネットフリックスとディズニープラスの2強状態と言える。ディズニープラスはディズニーという強力なブランド力でネットフリックスのユーザー数に迫っている。2020年4月にインドで、同年9月にインドネシアで、直近では2021年2月にシンガポールでも提供を開始し、アジアだけで約3000万人の加入者を獲得している。1億人と発表されているディズニープラス全体の有料会員数の3割を占める。これはデ

ィズニーの自社予測を上回る成果だ。２０２５年までにネットフリックスはアジア全体で４４４０万人、ディズニープラス（インドの事業者ホットスターを含む）は４３６０万人と、その差は僅かという予測が立てられている。

さらにディズニーは経営資源をディズニープラスに集中していく。東南アジアや香港などアジアの一部で18のリニア放送チャンネルを終了するというのだ。21世紀フォックスから買収したばかりのＦＯＸ、ＦＯＸクライム、ＦＯＸライフ、ＦＸの4局も閉鎖し、キッズネットワークのディズニージュニアとディズニーチャンネルらも終了させる計画がある。好調のディズニープラスに経営資源を集中させていくための動きであることは明らかだ。ディズニーはヨーロッパ各地でも既にリニア放送の終了を進めており、動画配信サービスのディズニープラスの開始に合わせて撤退させている。日本においてもブロードキャスト・サテライト・ディズニーによるＢＳチャンネル「Ｄｌｉｆｅ（ディーライフ）」を２０２０年3月に終了させ、ディズニープラスを同年6月から開始させている。

一方、アジアはローカル系も含め強力なプレイヤーが乱立しながら、動画配信サービスそのものの普及を促進させている。乱立状態ゆえに早くも撤退の話も続出し、アジアのネットフリックスと言われていたシンガポール最大手のＨＯＯＱは立ち上げからわずか5年で閉鎖に追い込まれ、２０２０年4月にサービスを終了してしまった。ライバルだったマレーシアのｉｆｌｉｘ（アイフリックス）も、２０２０年に中国テンセントに買収された。テンセントは中国国外の動画配信プラットフォームとしてＷｅＴＶを２０１9年から展開している。テンセントはＷｅＴＶとｉｆｌｉｘの両軸で進めていることについて２０２１年3月に行われたアジア最大級のコンテンツ見本市「香港フィルマート・オンライン」で説明を行っていた。登壇したＷｅＴＶとｉｆｌｉｘの責任者であるカイチェン・リー氏からは「アジアのローカルコンテンツへの投資を加速させていく」と意気込む様子がみられ、ネットフリックスへの対抗意識は高まるばかりだ。

さて日本はというと、ネットフリックスにアマゾン、ディズニープラスが揃い、米Ｈｕｌｕのブランドを引き継ぐ日本テレビ傘下のＨｕｌｕ（フールー）もある。さらに、国内独立系にＵＳＥＮ－ＮＥＸＴホールディングス運営のＵ－ＮＥＸＴとテレビ局系ではフジテレビのＦＯＤやサイバーエージェントとテレビ朝日が共同で設立したＡｂｅｍ aTV（アベマTV）、KDDIとテレビ朝日が共同出資するTELASA（テラサ）、TBS、日本経済新聞社、電通などメディアグループ6社が設立したParavi（パラビ）などが並ぶ。市場規模はSVODユーザー数と同じくアジアでは中国に次ぐ2番目。2020年に3000億円規模に達した。パイはそこそこ大きいが、食い合いの乱立状態である。

イギリスのリサーチ会社オムディアによると、2020年時点の日本の映像配信サービス市場の現状はアマゾン・プライム・ビデオとネットフリックスの2強で全体の39%を占める。2018年の29%から、この2年間で大きく伸ばした。2強の下にU-NEXT、Hulu、NTTドコモが提供するdTVが位置する。そして、ディズニープラスと英国に本社を置くスポーツチャンネルのDAZN（ダゾーン）、Apple TV+がこれの後を追う。さらにその下にテレビ局系のFOD、TELASA、AbemaTVらがいる状態だ。

オムディアは「日本はブロードバンドインフラやスマートフォンの普及が急速に進んでいるにもかかわらず、放送局などの伝統的なテレビ・ビデオがいまだメディアを支配しているユニークな市場だ」と指摘する。日本の動画配信サービス市場が乱立状態にあるのは、テレビ局らレガシー勢の影響力と関係していると言えそうだ。だが、近い将来、「日本においても動画配信サービス拡大を狙った合併の動きがある」とも予想する。

日本の2強であるネットフリックスとアマゾンは、さらなる勢力拡大を狙っていくだろう。先のワーナーメディアとディスカバリーの経営統合やアマゾンのMGM買収は、グローバルで展開する動画配信サービス再編の動きと捉えることもでき、そのグローバル展開の先には日本も当然含まれる。日本のローカルプレイヤーも、北米を発端とする競争激化の流れに逆らえない状況となるのは間違いない。

ユーザー視点のハイパーローカル戦略

ネットフリックスにとって決して無視できない動きが続出しているが、市場を築いていくなかで、未来予想図に既に描かれていたものであったのかもしれない。またユーザー視点に戻ると、サービスを選ぶ基準はやはりコンテンツに尽きることもネットフリックスは承知の上だろうと思う。

ここ数年で各社のサービスの比較をメディア媒体が特集することが増え、筆者も監修させてもらうことがある。料金、コンテンツ数、サービスの差別化内容など整理された一覧表をみるたびに、それぞれ一長一短があり、正直なところ単純に比較しにくい。

「じゃあ、どう選んだらいいの？」と質問されると、答えはひとつに決めている。「見たいオリジナルコンテンツを選ぶこと」。それが筆者なりの答えだ。

なぜなら、3強各社は強力なオリジナルコンテンツを揃えているからだ。ネットフリックス、ディズニープラス、アマゾン・プライム・ビデオそれぞれがそこでしか見ることができない作品を揃えている。ディズニープラスはディズニー、ピクサー、マーベルといったグループのエンターテインメント作品を揃え、アマゾンはグローバルからローカルまでオリジナル作品数を増やす。MGM買収はそんな流れの延長線上にある。ネットフリックスはディズニーほどブランド統一されていないが、「ネットフリックス・クオリティ」の統一に拘り、アマゾンよりもグローバルからローカルまで多様で、ドラマ、バラエティ、アニメ、ドキュメンタリー、映画とジャンルに偏りなく、圧倒的なオリジナル作品の数を揃える。これこそ、ネットフリックスの強みなのである。

ユーザー数を2億人に引き上げたのは、コロナ特需だけでなく、根底にあるネットフリックスの戦略方針の成功でもあるだろう。それに気づかされたのは2020年上半期のネットフリックス決算発表当日に掲載されたイギリスの業界メディア「TBI」の記事のある発言だった。イギリス拠点の投資会社ハーグリーブス・ランズダウン(Hargreaves Lansdown)のアナリスト、ソフィー・ルンド・イェーツ氏のコメントである。

「ロックダウン中にネットフリックスに加入していなければ、今後も加入することはないだろう」というイギリス人らしい皮肉の後に「ロックダウン後のネットフリックスの成長の可能性は、潜在的なファンを惹きつけるコンテンツを制作することにある。アメリカやイギリス以外の国で作り出されるコンテンツがそのカギを握るだろう」と付け加えられた。これは英語以外の多言語コンテンツのローカルオリジナル制作を強化するネットフリックスの戦略を意味している。ネットフリックスはライバルであるアマゾンの3倍の数の現地語コンテンツを提供する。ネットフリックスにとっての最大の強みは現地語制作のコンテンツであり、このリードを維持することがネットフリックスの潜在能力を高めることになっているというわけだ。

２０２０年6月29日から7月3日まで5日間にわたってオンライン上でＡＶＩＡが主催した「ＯＴＴバーチャル・サミット」を取材した時に、既にネットフリックスのローカル強化戦略の重要性は語られていた。初日に行われたアジアストリーミング市場のトップ対談に登壇した当時のネットフリックス・アジア太平洋事業開発担当ヴァイスプレジデントのトニー・ザメツコウスキー氏が、ネットフリックスが２０１６年以降にアジアで成長している理由を語った時だった。「キーワードはハイパーローカル。アジアで成功するためには、アジアのストーリーに投資する必要がある。アジア市場への参入後、すぐにそれを認識し、アジア発の企画は２００本に上った」というのだ。そして、その真意をうかがわせる言葉が続いた。「アジアコンテンツはかなり長い間、国内ビジネスで発展してきたが、アカデミー賞を受賞した韓国映画『パラサイト』のような作品が全世界で成功したことで、アジアのコンテンツに対する需要が世界的に非常に高まっている。このアジアのストーリーを世界に届けるために、ストリーミング業界が果たすべき役割は大きいと感じている」と。これはネットフリックスが今後もローカルコンテンツに集中投下していく考えがあることを示していた。

ハイパーローカル戦略は、現地の出演者が現地語で語る現地ならではのストーリーを作り出すことと解釈できる。ローカルの視聴者は自国のローカルコンテンツをより好む傾向がある。ローカルの視聴者を納得させることを前提に、全世界同時配信を可能にした環境も活かした上で、ハイパーローカルコンテンツを提供するのがネットフリックスというプラットフォームの強みなのである。

譬《たと》えるなら、全世界の食が並ぶ巨大なフードコートのイメージだ。日本の食材で料理し、和風に盛り付けた食べ物はそれに慣れ親しむ日本人から選ばれやすい。そして、すぐに各国の食べ物が手に入る気軽なフードコートであれば、日本食を毎日食べない人にも選ばれる可能性は高まる。消費者にとって味も見た目も工夫した各国の選りすぐりの食べ物が並んだフードコートの面白さと便利さは手放せないものになる。

それを具現化したのがネットフリックスであり、2億人のファンを獲得している理由である。かねてよりネットフリックスが進めてきた多言語のローカルコンテンツ制作は、日本オリジナルのドラマシリーズ『全裸監督』をはじめ、ドイツのミステリーサスペンスドラマ『ダーク』、スペインの犯罪アクションドラマ『ペーパー・ハウス』など各国で全世界的ヒットを生む成功例を作り出している。世界的に人気が高まっている韓国からも続々と新作が生み出されている。

コンテンツへの投資は衰える気配がないことも、ネットフリックスの成長戦略を理解する上で重要なことだ。加入者離れを防ぎ、新規ファンを獲得していく上でも心強い。この辺りについても後の章で触れていく。

ライバルはTikTok

2億人のネットフリックスファンを作った背景には、消費者の行動が関係していることにも注目したい。

米リサーチ会社ハブ・エンターテインメント・リサーチ（Hub Entertainment Research）が毎年実施している消費者調査「Conquering Content レポート」の最新版（2020年11月）では、コロナ第一波のパンデミック後も動画配信サービスの視聴が促進されていることが示された。なお同調査は、2020年10月にブロードバンド環境にある（週に1時間以上テレビを観ている）16歳から74歳のアメリカの消費者1604人を対象に実施されたものだ。本レポートの目的のひとつは、コロナ禍がもたらしたニューノーマルの中で消費者が選ぶコンテンツの変化の傾向をみることにあった。

調査の結果、4割近くがネットフリックスの新作コンテンツを選び、ネットフリックスが最も選ばれているプラットフォームであることそのものは、これまでの傾向と変わりはなかったのだが、「新作の見つけ方」に劇的な違いがあった。それはネットフリックスのようなオンラインで配信される新作コンテンツは「人から人へとソーシャルネットワークで広がる口コミがきっかけとなって視聴する」ことが顕著になったということだ。「SNS上の口コミ」が新作を知ったきっかけになったと回答する率は最も多く、全体の33％を占めた。ネットフリックスのファンマーケティングの成功はこうした結果からも実証されている。

またファンの熱量の高さはコンテンツに起因することも、Hubの調査結果から見て取れる。多くの消費者は特定の動画配信サービスがどの程度のオリジナルコンテンツを提供しているのかを、よく理解していなかったという。さらに、動画配信サービスが提供するオリジナル番組の数が他のサービスと比べて多いか、少ないか、または同程度かという質問を調査対象者に投げたところ、ネットフリックス、アマゾン、Ｈｕｌｕ、ディズニープラス以外のサービスは半数以上の回答者がほぼ把握していないことがわかった。その反面、ネットフリックスが他のサービスよりも多くのオリジナルコンテンツを提供していると回答した数は回答者の3分の2を占めた。これはネットフリックスで配信されているオリジナル作品が「ネットフリックス・オリジナル」としてしっかりと認識されていることを証明することになる。ネットフリックス作品にはブランド価値があり、価値を認めたネットフリックスファンの口コミによって作品の視聴者を広げている傾向があるということだ。

この調査では動画配信サービス以外の既存のテレビ番組との比較も行われている。オンライン上で提供されていない既存のテレビ番組はＳＮＳ上での口コミよりも従来の広告から広がる傾向が高いことがわかった。ＳＮＳ全盛の時代に明らかになったこの結果は、新作コンテンツが既存のテレビ番組よりもネットフリックスで選ばれやすいことを強調する。

日本でもし同じような調査が行われた場合、全く同じ結果にはならないだろうが、SNS上の口コミで新作コンテンツを発見する傾向は若い世代ほど似通った結果になるはずだ。若者の動画配信サービスの利用率の高さは各国で証明されている。ミレニアム世代に始まり、生まれながらにしてデジタルネイティブのZ（ジェネレーション）世代（1995年以降に生まれた世代）はSNSを日常的に使いこなし、なかでもZ世代は今後、世界で最も影響力を持つ購買層と考えられている。

そんなZ世代からもネットフリックスは支持されていることが世界の各リサーチ会社から報告されているが。一方、Z世代が今最も使いこなしているコミュニケーション系サービスはTikTokでもある。10代がいかにも飛びつきそうな、ローコストで誰もが有名になるチャンスを作ることができるスマホ向けショート動画のTikTokの存在はネットフリックスも脅威に感じている。2020年7月16日の第2四半期決算発表時に、ネットフリックスは実際TikTokについて言及し、「TikTokの成長は驚異的であり、エンターテインメント界が今、流動的であることを示すものだ」と、競合相手として捉えている。だが、認めているだけに終わらない。「競合他社を心配するのではなく、四半期ごとに同業他社よりも早く、サービスとコンテンツを改善しようとする戦略にこだわり続けている。当社の継続的な力強い成長はこのアプローチとエンターテインメント市場の大きさを証明している」と続き、この言葉から自信のほどが表れていた。2億人のユーザーを抱えている数字の実績だけではなく、コアなファンの熱量があることや、ルール破りの戦略を打ち出し続けることができた自負が根底にある。ネットフリックスがそう断言しているわけではないが、行動の結果として得られた事実の積み重ねが、そう簡単には揺るがない自信に繋がっているのではないか。

そして、新たなコンテンツ戦略も打ち出し続けている。イギリスのリサーチ会社アンペア・アナリシスが実施した最新の消費者調査によると、動画配信サービスの利用が最も急速に伸びているのは現在35〜44歳の年齢層だという。この年齢層における利用率は2年前と比較し、約2倍に増えていることもわかった。

従来、リニア放送において35歳以上が好むドキュメンタリーや犯罪スリラーもののジャンルがSVODサービス全体の人気ジャンルのトップ5に並んでいることにもアンペア・アナリシスは注目している。トップシェアのネットフリックスが2021年1月から3月に発注した100本以上に上るタイトルの中でドキュメンタリーが占める割合は多く、3月の単月では実録系の作品が半分以上に上ったという。また犯罪スリラー作品に積極的に投資している傾向もみられる。

消費行動に基づいたコンテンツ投下はネットフリックスの基本とする戦略なのである。ユーザーは何を観たいのか。そんな究極のシンプルな問いに応えている。それがネットフリックスファンを拡大させている根本的な理由にあるのだ。では、一体ネットフリックスはこれまでどのようなコンテンツを届けてきたのか。次章ではネットフリックス日本オリジナルにフォーカスし、どのように『全裸監督』をはじめとするヒット作を作り出すことができたのか、その答えを探っていく。

第2章

なぜ『全裸監督』の大ヒットが生まれたのか？

ヒットの連鎖を作る代表作の価値

ネットフリックスは日本においてもテレビメディアを凌ぐ存在にのし上がった。そのカギを握ったのは日本オリジナル作品だった。日本はどこの国よりも、日本人に受け入れられる作品であることがヒットの絶対条件にある。ネットフリックスはどのようにして日本オリジナル作品を作り出していったのか。第２章では日本オリジナル作品が作られた背景から、ネットフリックスが日本で成功することができた理由を紐解いていく。

日本におけるネットフリックス人気の火を付けたのは間違いなく、ＡＶ監督・村西とおるの半生を描いたドラマ『全裸監督』だ。２０１９年８月８日の『全裸監督』公開から約１ヵ月後に発表されたネットフリックスの日本の有料会員数は約３００万人。話題作を見たいがために新たに加入した会員が増え、結果、ネットフリックスは日本上陸後、初めて会員数を明かしたという経緯からも明白だ。それだけ『全裸監督』のヒットは、日本でネットフリックスを定着させる意味でも大きかった。

続く、２０２０年のコロナ禍の巣ごもり消費の中で起こった韓国ドラマ『愛の不時着』ブームへの布石も作ったと、そんな解釈もできる。「これが世界スタンダードのネットフリックスドラマか」という驚きと満足した体験があったからこそ、ヒットの連鎖は生まれる。ネットフリックスブランドに対する信頼も増し、新たなファンも引き寄せたと言える。

代表作の役割は大きい。説明いらずのモノ・コト、ヒトがあることは最大の強みになる。ネットフリックスも戦略的に代表作を作り出すことにこだわってきた。日本上陸から4年目で『全裸監督』が生まれるまでの背景も知ると、さらに納得できる。

そもそも世界でネットフリックスの名を知らしめることができたのも、代表作の力によるところが大きい。2013年に配信開始されたドラマ『ハウス・オブ・カード　野望の階段』（デヴィッド・フィンチャー、ケヴィン・スペイシーらが制作総指揮）は、テレビ版アカデミー賞とされるアメリカのエミー賞（2013年）でドラマシリーズ部門監督賞など3部門で受賞し、業界に大きなインパクトを与えた。ホワイトハウスの裏で権謀術数をめぐらすパワーゲームの描き方はまさにアメリカ政治のタブーに踏み込んだものだった。その斬新な内容は評価に値するものであることと同時に、テレビ発ではなく、配信発のオリジナル番組に光が当たる時代が始まったことを象徴する出来事となった。

本国アメリカで『ハウス・オブ・カード』がヒットしたエピソードは、第3章「動画配信の覇者ネットフリックス躍進のカギ」でさらに掘り下げる。ここでは話題を日本に戻す。

ネットフリックス日本上陸前の話から始めよう。海外でネットフリックスへの注目が高まっていることは日本のメディアにも伝わっていた。いよいよ日本上陸の話が噂されると、日本のメディアはネットフリックスを「黒船」と譬えて、「黒船ネットフリックスがいよいよ今秋（2015年秋）に参入」とこぞって報じた。これは保守派が多い日本の映像業界にとって驚異的な存在であることが意図的に伝えられたものでもあった。

一方、新しもの好きの日本人に向けて興味を持たせる絶妙のタイミングでもあった。ちょうどその頃、「サブスク」と言われるサブスクリプション（定額制）の音楽、映像配信サービスへの関心が高まり始めていた。ネットフリックスが上陸した同年に、ネットフリックス最大のライバルであるアマゾン・プライム・ビデオが日本でサービスを始め、2015年は「動画配信元年」とされている。その前年の2014年には日本テレビがＨｕｌｕジャパンを買収し、Ｈｕｌｕは一足先に市場を確立しつつあった。
ネットフリックス上陸目前にＨｕｌｕは会員数が１００万人を超えたことをアピールし、牽制を効かせていた。日本テレビの大久保好男社長（当時）が、「ネットフリックスは競争相手だが、お互い切磋琢磨して頑張っていきたい。日テレもコンテンツ制作能力を発揮し、配信市場全体の活性化を期待している」と発言していたことは印象的だった。斜陽になりつつあるテレビ産業が突破口を動画配信に求めているという姿勢を表していた。日本の映像業界にもネットフリックスの日本上陸を新たな商機として捉える少数派はいた。

日本進出が「お手並み拝見」とみられた理由

果たして、ネットフリックスは日本市場でどれだけの力を見せることができるのか。保守派にとっては「お手並み拝見」、一部の少数派には「ネットフリックスは脱テレビ依存のカギ」と思われていた。どちらの見方が正しかったのか？　日本市場も世界市場も取材していた筆者には、どちらの見方もある意味では正しいと映っていた。

まず、「お手並み拝見」のスタンスに同意できたのは「日本市場への外資系参入はハードルが高い」という現実があったからだ。「日本特有の業界体質がネック」と言えば、業界に限らず通じる話だろう。「ガラパゴス」と日本がよく揶揄されるのは、一国で1億人以上の人口を有し、内需で潤い、産業が独自に進化してきた歴史があるからである。メディア業界もまさにそうで、外資系が入り込むにはそれなりの戦略と覚悟がいる。

ドラマやバラエティ番組を揃えるネットフリックスの最大の競争相手はテレビ局だと当初は根強くそう見られていた。日本に限らず、アメリカでも同じようにネットフリックスとテレビ局との間で対立構造が生み出されていた。日本とアメリカの場合とで明らかに違うのは、ドラマやバラエティ、ドキュメンタリー番組が成立するまでの流れだ。制作の過程が根本的に異なるのである。

アメリカでは、番組を制作するプロダクションが企画を立て、テレビ局に持ち込むのが基本。日本も広く言えば同様の流れだが、アメリカの場合は企画が通るか不明瞭な段階でパイロット版が制作される。制作費をリクープ（回収）できる保証もないまま、放送までこぎつける必要があるのだ。また企画が成立し放送に至った後も、視聴率が悪ければ、突如打ち切りになることも日常茶飯事である。常にリスクと隣り合わせだが、プロダクションは大きなメリットとして番組著作の権利を持つ。交渉次第で有利な権利条件を得られることもあり、権利を持つことによって得られる利益は大きい。ヒットすれば尚更で、さらに世界展開に繋がれば、莫大な利益が見込まれる。

日本の場合はリスキーなパイロット版を製作プロダクションが企画成立前に自腹で作ることはまずない。と同時に、プロダクションが持ち込んだ企画でも、テレビ局と番組著作の権利を持ち合うことは稀で、通常はテレビ局が番組の著作権を持つことになる。そのため、プロダクションはあくまでも番組を制作する企業として、長らくテレビ局の受注先として存在し続けている。プロダクションはリスクを取らない分、大きな利益を見込むことには繋がりにくいのである。

この権利システムの違いがテレビ局とプロダクションのパワーバランスを生み出す。アメリカのようなシステムが構築された国では、パワーバランスが均等であるがゆえに、スタジオも世界にネットワークを持つほどの力を持ち、数百億ドル規模の年間売上を計上する。一方、テレビ局にパワーが集中している日本は、テレビ局ばかりが巨大メディア化しているのが現状だ。考えようによってはこのことで日本の広告市場が、かつてはアメリカに次ぐ世界第2位の規模に成長してきたのかもしれない。ただし、広告市場の約3割をテレビの広告収入が占めるという、テレビ時代が長く続きすぎた。２０１９年にはテレビの広告収入は2兆円を切り、インターネット広告収入に抜かされているわけだが、ネットフリックス日本上陸の２０１５年はテレビ離れのスピードはまだ遅かった。それゆえ、新参者ネットフリックスが「お手並み拝見」と見られることも理解できないものではなかったのである。

ネットフリックスは「脱テレビ依存」のカギに

海外のテレビ局にとって、ネットフリックスの存在は脅威そのものである。スタジオから個人プレイヤーのプロデューサーまで皆が一斉にネットフリックスに熱い視線を向け、企画を持ち込む動きを見せていた。海外では熾烈なプラットフォームをめぐる競争が始まっていたのだ。一方、テレビ局が番組コンテンツ制作をリードする日本の場合は、やはり、これとは状況が違った。

「ウチは制作集団でもある」という認識を日本のテレビ局は強く持つ。番組を放送するプラットフォームとしての機能だけでなく、テレビ局そのものがモノ作りの能力を高め、企画を立ち上げ、プロデュースする人材を育ててきた歴史がある。と同時に、作った番組コンテンツはほぼ全てテレビでのみ放送される。番組放送による広告収入で収益を上げるモデルだからだ。だが、広告収入が減少傾向にあることは先述の通りで、これに危機感を持ち、テレビで放送することが当たり前の考え方から、ネットからでもテレビからでも、また、ネットとテレビ同時でも「アリ」とする考えがテレビ局内で生まれるようになった。コンテンツを主軸に戦略を考える「コンテンツファースト」を進めていく突破口として、ネットフリックスがあると期待されたのだ。そんななか、いち早くネットフリックスと組むテレビ局が出てきた。２０１１年以降、視聴率の年間三冠王から遠ざかっていたフジテレビである。

２０１５年のネットフリックス上陸の1年後のことだったが、フランスのカンヌで開催された世界最大級のテレビ番組コンテンツ見本市「ＭＩＰＣＯＭ《ミプコム》 ２０１６」に来場していたフジテレビの大多亮常務に「ネットフリックスはどのような存在なのか」と聞いたことがあった。

「今までは視聴率をとれば儲かっていたが、ネットの出現がそれを変えつつあります。ネットの存在は今やデカい。グローバルがすごく近くなり、大きなチャンスも見込める。とにかく今、ヒット作と言えるものが欲しい」

筆者はこの発言を、「テレビ依存からの脱却が、ヒット作を生み出す原動力になる」と捉えた。テレビ最前線の時代に、恋愛ドラマ『東京ラブストーリー』をはじめとするヒット作を連発したプロデューサーの立場も経験した大多氏が「今攻めるべきこと」を敏感に感じ取ったものだとも思った。

一方で、「攻め時のチャンス」は製作プロダクション側にもあると見ていた。ネットフリックスとの権利上の条件は国内外含めて、テレビ局とプロダクションの間で取り決められるものとは異なり、番組コンテンツごとにその内容も異なる。明らかにされているものではないが、実際にネットフリックスに企画を持ち込んだプロデューサー約30人に取材した限りでは、独自のプロセスがあることがわかった。ネットフリックスで独占配信する場合は、数年間はネットフリックスでのみ展開され、それを「塩漬け」と捉えるプロデューサーもいる。だが、ネットフリックスで世界的にヒットした場合は波及効果も大きく、世界に名前を売ることができる道筋が作られる。

どう判断するかはプロダクション次第である。注目すべきは、プロダクションも主導権を握るチャンスがあるということだ。脱テレビ依存を図り、勝負に出るチャンスが、長い歴史のなかではじめて生まれたと言っても過言ではない。ネットフリックスは、プロダクションがテレビ局の受注先としての存在から脱却できるパートナーと言える。海外では数千億円もの売上を立て、世界にネットワークを持つプロダクションも存在する。放送局ともネットフリックスとも対等に付き合っているところも数多くある。優秀な人材を揃える日本の制作陣にできないわけはない。

第1弾『火花』は失敗だったのか

ネットフリックス側もこうした日本の市場の特性や業界の事情はわかっていただろう。ネットフリックス関係者から「日本市場は難しい」という声が上がっていたと聞く。そんななか、どうすれば世界市場にインパクトを残すローカル発オリジナルを作り出すことができるのか。複雑な想いを持っていたはずである。

ジャパンオリジナルの第1弾は、第153回芥川賞を受賞し、累計発行部数300万部を超すベストセラーとなった又吉直樹の『火花』の実写ドラマ化だった。配信されたのはネットフリックスが日本に上陸してから約9ヵ月後。開発段階から要する期間に最低1年はかかるものだから、上陸前から動いていた企画がようやくお披露目となったわけだ。

『火花』以前にもネットフリックス作品として、下着業界を舞台にした職業ドラマ『アンダーウェア』が配信されているが、これはフジテレビとの共同製作作品であった。早い段階から地上波で放送され、独占配信の期間が短いこと、配信された国数などから考えると、世界190ヵ国・地域に同時配信されたネットフリックスジャパンオリジナルとしては『火花』が第1弾と捉えてもいいだろう。

第1弾とあって、大規模なプロモーションが行われた。原作は既に話題作として知られ、著者も世間でよく知られる吉本興業所属の芸人、又吉直樹。「あの『火花』がアメリカから来たネットフリックスで連続ドラマ化され、しかも世界配信される」といった

Netflixシリーズ『火花』　©2016YDクリエイション

情報がメディアに多数露出した。筆者もとりわけ注目しながらプロモーションイベント等に積極的に足を運んだ。

ネットフリックス『火花』は全10話で構成され、原作の世界観をそのままに日本独特の漫才の世界で生きる青年たちの10年を映した青春物語である。通しで約500分の作品だが、1話を観ればもう1話と引き込ませる映像力があった。ネットフリックス作品のこだわりの一つである「一気見」視聴を狙った作りに廣木隆一総監督が挑戦していた。

売れない芸人の主人公・徳永を演じた林遣都《けんと》は、人生の荒波の中を生きる等身大の若者のひとりとして親近感を抱かせる、見事な演技力であった。徳永の先輩であり、もうひとりの主人公・神谷役には同じく演技派の波岡一喜《かずき》が起用された。劇中では実際の芸人である「井下好井《いのしたよしい》」の好井まさおや「とろサーモン」の村田秀亮《ひであき》も芸人役として漫才シーンを盛り立てた。

新鮮さゆえに楽しめる作品であることは間違いないが、ストーリーを進めるテンポに若干の物足りなさもあった。邦画以上でなければ、地上波ドラマと決定的な差があったわけでもなかった。期待された以上に、『火花』は満を持して打ち上げられたネットフリックスジャパンオリジナル第1弾として満足できる結果ではなかったと言えるだろう。ネットフリックスはその頃、日本の会員数を明らかにしていないので判断できる材料がないが、果たして会員数の伸びを牽引したものになったかどうか。世間一般のネットフリックスの認知度を大きく引き上げたとは言い切れないところもあった。

動画配信元年と言われた２０１５年頃から、『火花』だけでなく、ネットオリジナル作品は増え始めていた。50万部売れた小説『殺人鬼フジコの衝動』を映像化した『フジコ』はＨｕｌｕ初のオリジナル連続ドラマとして打ち出され、地上波ではタブーな過激シーン満載の野心作だった。主演・尾野真千子の凄みのある演技などが評価され、全日本テレビ番組製作社連盟主催の「第32回ＡＴＰ賞テレビグランプリ」で特別賞を受賞した。続いてＨｕｌｕでは、ホラーサスペンス『CROW'S BLOOD（クロウズ ブラッド）』も作られ、映画『ソウ』シリーズの監督ダーレン・リン・バウズマンと秋元康による

「Jホラーとハリウッドを組み合わせた日米合作ドラマ」という触れ込みだった。またアマゾン・プライム・ビデオは人気俳優ディーン・フジオカ主演のウエディングラブストーリー『はぴまり〜Happy Marriage!?〜』を目玉に、日本オリジナルを強化し始めていた。

海外勢だけでなく、日本の動画配信サービスも本格的なネットオリジナル作品に投資し始めていた。テレビ朝日とサイバーエージェントが出資して設立されたＡｂｅｍａＴＶはテレビ朝日の深夜ドラマ『特命係長　只野仁』の新シリーズを初のオリジナルドラマとして発表。そんななかで『火花』は十分健闘した作品には違いないが、業界やメディアの注目度と比べて、まだマス化（大衆化）されていなかった定額制動画配信サービスそのものに対するハードルが高いことを痛感させられるものでもあった。

地上波テレビから生まれたヒット『深夜食堂』

既に一定のファンが付いているブランド力のある作品も、ネットフリックス・オリジナルに加わった。２０１６年10月から世界配信された『深夜食堂：Tokyo Stories』がそのひとつだ。小学館『ビッグコミックオリジナル』で連載中の安倍夜郎作の漫画を原作に実写化されたテレビドラマは、２００９年10月から地上波深夜の「飯テロ」ドラマとして既に人気を博していた。ネットフリックス版では、シーズン４はテレビ版を継承する形で、食堂「めしや」のマスター役の小林薫をはじめレギュラー出演陣も揃って出演している。

マスターの台詞「営業時間は夜12時から朝の7時ごろまで。人は『深夜食堂』って言っているよ」から話が始まり、1話完結のスタイルもそのまま。性別も、年齢も、境遇も異なる客が店を訪れては、カウンター越しに小さなドラマが生まれ、1話見終わるごとに「小腹も心も満たされる」醍醐味がじんわりと伝わってくる。

２０１９年にはネットフリックス版のシーズン5も作られている。この継続性からもネットフリックスでヒットした作品と言える。もともと、テレビ版がアジアを中心に海外で人気を集めていたことも大きかった。テレビ版は、２０１２年にはドイツ・ハンブルクで開催されたワールドメディア・フェスティバルで娯楽・家族向け番組部門で「銀賞」を受賞、ソウルドラマアウォード２０１５で日本のドラマとしては初となる「年間最高人気外国ドラマ賞」を受賞している。

２０１９年に上海で開催された中国最大級のオフラインイベント「ビリビリワールド」（中国の動画配信サービスの「bilibili 動画」主催）を取材した際、地元の若者が『深夜食堂』「めしや」を再現したカウンターの前で嬉しそうに写真を撮る姿を目にした。華やかなステージイベントが多く開催されているなかでそんな光景を目にしたことは、国境を越える作品の力と海の向こうのファンの熱を感じさせるものだった。

ネットフリックス版はその世界観を崩さず、海外ゲストに台湾の実力派俳優ジョセフ・チャン（シーズン５）を迎えるなど、海外の視聴者も意識したキャスティングが加えられた。日本のドラマの良さをそのままにスケールを広げて、作品の理想的な道のりを歩む成功事例となっている。

ヒットに至った背景は、大手芸能プロダクションのアミューズがネットフリックスで勝負する判断を下したことから始まる。『深夜食堂』のプロデューサーであるアミューズの遠藤日登思《ひとし》氏にネットフリックスを選んだ理由について尋ねたことがあったが、その答えは、「一番の理由は事業的に有利だから」というものだった。

『深夜食堂』は深夜ドラマで放送されていた番組であることから、スポンサーが付くプライムタイムのドラマとは少し勝手が違い、制作費を自ら工面する必要がある。だから映画のように製作委員会という形式で制作費を集め、テレビ局に持ち込んで放送してもらい、それから2次利用としてDVDなどのビデオパッケージや配信、場合によっては海外セールスによって回収していくという流れがある。だが、頼りのパッケージビジネスはシュリンク（縮小）していくばかり。そこで遠藤プロデューサーは「配信を2次利用としてみるだけでなく、1次利用で制作費の回収が見込めれば、ネットフリックスと組むことは事業として有利である」と判断したのだった。

製作委員会メンバーの毎日放送はテレビ局という立場から、すぐに答えを出さなかったというが、最終的には合意した。聞けば、アミューズは2010年に上野樹里《じゅり》主演の映画『のだめカンタービレ』を韓国で配給し始めたあたりから海外展開に着手し、早くから海外に目を向けてドラマ制作の可能性を考えているプロダクションである。こうした背景もあって、アミューズは世界同時配信に価値を見出したというわけだ。

「従来のテレビの放送モデルでは簡単には実現できなかったという意味でも、世界配信は製作プロダクションにとって大きな魅力です」と遠藤氏は語った。まだ夢の段階とも言えるが、プロダクションにとって1次利用で制作費を回収できるならば利用しない手はないというのが本音だ。やはり、ネットフリックスは製作プロダクションにとって、ビジネスチャンスが広がる相手でもあるのだ。『深夜食堂』は、味わい深くも淡々とした内容からは想像もつかないような、ギラギラとした野望が制作背景にあったからこそ、ヒットしたのだろう。

恋愛リアリティショーが世界を魅了――『テラスハウス』

地上波テレビの企画がネットフリックスを通じて世界中のファンを虜にした番組に、リアリティショーの『テラスハウス』が挙げられる。ただし、残念なことに2020年5月、出演中だった木村花さんの訃報を受けて、2019年5月開始の東京を舞台にした新シリーズ『テラスハウス：Tokyo 2019-2020』は打ち切りに。番組視聴者からのSNS上の誹謗中傷や番組演出の問題が取り沙汰され、原因究明を求める動きが続いている。

「テラハ」こと『テラスハウス』の認知度は絶大なものだった。男女6人が共同生活するシェアハウスで繰り広げられる恋愛模様をカメラで追いかける番組で、2012年からフジテレビ系列で放送が始まり、劇場版も作られた。ネットフリックスでの展開は日本上陸と同時の2015年9月からで、ネットフリックス版の新シリーズが世界配信されると「キスに至るまで長く時間がかかり、何も起こらない奥手の恋愛リアリティショーがかえって新鮮」だというのが受け、世界中にファンが拡大していった。

「テラハ」は、NYタイムズの記事に「NYタイムで取り上げられるほど、海外メディアからも注目を集めた。NYタイムスの記事に「テラハはつまらないと思うでしょう。だけど、2、3話続けて観ると、気づいたらハマりますよ」とある。じわじわと面白さが伝わる日本らしい「奥深さ」を肯定的に捉えたものだった。

2019年6月25日に東京都内で日本のメディア向けに開かれた「ネットフリックス・オリジナル作品祭」に登壇したネットフリックス・コンテンツ・アクイジション部門ディレクター坂本和隆氏も、「日本の文化を切り取っているのが「テラハ」。それが世界での評価に繋がっている」と解説し、日本の文化をありのままに表すことに価値があることを示唆しているようであった。

「テラハ」はネットフリックスで2020年から表示されるようになった人気コンテンツランキング「今日の総合トップ10」の常連でもあった。新しいエピソードが更新されるたびにランキング上位に浮上し、SNSも沸いた。このSNS上での反響の大きさを示したのが、スタジオトークパートでレギュラー出演する山里亮太の結婚報告の時だ。番組公式ツイッターのスレッドに「山ちゃん、おめでとう！」のコメントが続々と並び、ツイッター社の「ワールドワイド・トレンド」では結婚発表後、「#山ちゃん」が数時間にわたりトップを独占するほどの事態に。世界の視聴者から一斉に祝福を受けることになるとは本人も予想していなかっただろう。

だが、木村花さんの不幸は、番組をきっかけに、視聴者が負の感情も爆発させてしまったことに起因する。リアリティショーが今、日本のみならず世界的に人気を得ているのは、良くも悪くもSNSによって盛り上がる環境によるところが大きい。事実、リアリティショー出演者に投げかけられる誹謗中傷の被害は、北米、ヨーロッパ、アジアなど世界中で広がっている。リアリティショーがきっかけに、死に追い込まれた話も後を絶たない。イギリス発の世界で最もヒットしている恋愛リアリティショー『LOVE ISLAND』では、番組に関連してこれまで3人もの自殺者が出てしまっている。

何が要因であっても、あってはならない事態を招いた「テラハ」の一件は本当に残念でならない。世界にファンを作った日本の番組の成功例という事実も、一瞬にして打ち消されてしまった。建設的な議論によって、出演者のケアの充実を図るなど制作フローが見直されていくなかで、少しでも希望を見出したいものである。

日本ブームは『KonMari』から

ネットフリックス作品における日本ブームを作り出したのは、「まえがき」にも述べたが、片づけコンサルタントの「こんまり」こと近藤麻理恵氏が指南する『KonMari～人生がときめく片づけの魔法～』であることに疑問の余地はないだろう。ネットフリックスはアメリカ本社が発表したプレスリリースで「近藤麻理恵さんのメソッドが世界で片づけに対する見方を変えた」と、改めて番組の功績を称えている。2019年1月1日に世界配信された当時、アメリカでは社会現象となるほどの人気ぶりで、こんまり流片づけ＝「Kondo-ing（コンドーイング）」という動詞が一般化されたほどだ。日本ではベストセラー本『人生がときめく片づけの魔法』（サンマーク出版、2011年。2019年に改訂本が河出書房新社から刊行）からこんまり人気が始まっているが、海外ではネットフリックスの番組によって不動の地位が確立している。

そんな大成功を収めた番組が一貫して伝えているメッセージは、「自宅に溜め込んでしまったガラクタを一掃して、前に進もう」というもの。こんまりが救世主となって、人生をときめかせるために手助けをしていくのである。場所別ではなく、モノ別に片づけることを提唱する、こんまりメソッドの基本から、服や靴下、ネクタイなどのアイテム別の畳み方などもカットインされ、片づけのノウハウを知りたい視聴者のニーズに応える。そして、単なる片づけ推奨番組に終わらない演出も人気の秘訣と言える。今どきのリアリティショーらしく、こんまりが訪問する家族の人選に多様性を持たせ、その素顔と社会的背景がみえる内容にも仕上がっているのだ。ハリウッドで名を馳せる凄腕女性クリエイター、ゲイル・バーマンが番組のエグゼクティブプロデューサーとあって、その辺りも抜かりがない。

シリーズは全8話で構成され、人生の岐路に立った全8組の家族に、1話ごとに密着している。新婚カップルや第一子の出産を控えた夫婦、育児奮闘中の働くパパママ、引退生活に入る熟年夫婦、夫を亡くし第二の人生を踏み出す女性などが紹介され、共感できそうな話からピックアップして観るのが筆者のオススメである。その中で、日本人が最も参考にできそうなエピソードが「3話目　ダウンサイズ」。寝室が4つあるミシガン州の豪邸から、ロサンゼルスの手狭なアパートに引っ越してきた家族の話である。日本の住宅と似通ったサイズの住まいで、映し出されるリビングルームもキッチンも、主寝室も子ども部屋も物で溢れかえっている。見つからない物があれば「ママに聞けばい い」と、子どもも父親も母親に頼りきり。そんな悩ましい状態から、家族全員が物理的にも精神的にもときめく住まいへと変貌させるのが近藤麻理恵さんの「魔法」である。

番組が配信されたばかりの頃、注目を集めた一方で、本を廃棄するワンシーンがアメリカで物議を醸したことがあった。一部の読書家から、「ときめくか、ときめかないか、その二択で所有する本の運命を決めるのはナンセンス。本の廃棄を一時の感情で選ばせるべきではない」といった非難の声が上がったのだ。本に限らず、服や小物、思い出の品であっても自分に適した片づけ方法はあるわけだから、自分のときめき方にこだわることが大事であるとの番組のメッセージに対して反発も起きたことは、その影響力を物語っている。

その後2020年になって、ブームは再び起こる。コロナウィルス感染拡大防止のために世界中でロックダウンが続いたさなか、ツイッター上で「Kondo-ing」と呟くツイートが多くみられた。再びこんまりにフォーカスする海外メディアが増え、英経済紙フィナンシャル・タイムズ4月1日掲載の記事は、働く世代に向けてこんまりを紹介するものであった。こんまりメソッドはビジネスでも活かすことができ、「リモートワーク環境を改善するために単にデスク周りを整頓するだけでなく、先行きが見通せないキャリアそのものも見直すきっかけになる」と意見し、最後に「仕事に対する『ときめき』が本当にやりたいことを気づかせる」とまとめていた。書籍や番組を通じて広がった「こんまりメソッド」は非常時の生活にインスピレーションを与えたのである。

まさにこの仕事にフォーカスした新たな番組も作られた。それが2021年8月31日に全世界配信されたミニシリーズ『KonMari～〝もっと〟人生がときめく片づけの魔法～』である。家から飛び出し、職場や地域コミュニティの場でこんまり流の整理整頓のプロセスを踏みながら、〝ときめき〟を見出していくという内容になる。配信直前の8月某日、アメリカ在住の近藤麻理恵氏とオンライン上でインタビューする機会が設けられ、番組を通じて最も伝えたかったメッセージを尋ねると、近藤氏は「片づけをしたからハッピーになったということを見せたかったわけではありません。番組をご覧になった方にも人生を見つめ直すきっかけを作り、実際にアクションを起こして、変化に繋げて欲しいという想いを込めています」と答えた。つまり、自分ごと化できる番組を目指したということだ。このインタビューの後、実は新たな棚を購入した。これでしばらく積み上がっていた書類が崩れ落ちてくることはなさそうだ。その気にさせるのが『KonMari』の醍醐味である。

ジャパニーズアニメの戦略

ネットフリックスが日本に最も期待しているのはアニメである。ネットフリックスは日本上陸を正式発表する以前から、日本のアニメに着目していた。２０１４年10月にカンヌで開催された世界最大級のテレビ見本市「ＭＩＰＣＯＭ ２０１４」のキーノートに登壇したネットフリックス最高コンテンツ責任者で、現共同最高経営責任者（ＣＥＯ）のテッド・サランドス氏の発言は実に印象深かった。「日本のアニメはグローバルマーケットで成功している。アメリカやフランス以外の世界各国で展開できるコンテンツとして興味を持っている」と言及した。日本に上陸した２０１５年以降もその期待は変わっていないようにみえる。

具体的なアニメ施策を振り返ると、仕込み作品がまず花開いていったのは、２０１６〜17年あたりである。『ＢＬＡＭＥ！（ブラム）』『DEVILMAN Crybaby』『Ingress: The Animation』など10作以上のネットフリックス・オリジナルアニメが配信され、アニメへの集中投資が目立った。２０１８年は「ネットフリックスアニメ元年」とも言われ、それ以降も２０１９年にアニメ界の巨匠、神山健治と荒牧伸志《しんじ》による『ULTRAMAN』や世界最高水準のストップモーションアニメ技術を駆使した『リラックマとカオルさん』が、２０２０年には再び神山健治、荒牧伸志のW監督体制の『攻殻機動隊 SAC_2045』、世界にも名を馳せる湯浅政明監督の新作『日本沈没２０２０』など多くの日本発アニメが世界独占配信された。

このアニメ強化策が功を奏し、「過去12ヵ月で日本発アニメ作品の視聴時間が急成長。ほぼ2倍に拡大した」と、ネットフリックス日本初のアニメクリエイティブ担当であるコンテンツ部門クリエイティブ・プロデューサー（現在チーフプロデューサー）櫻井大樹《たいき》氏が2019年10月に開催したアニメの新作発表会時に明かした。

ネットフリックスがオリジナルアニメに力を入れる動きは、日本のアニメ業界にとっても好都合だと受け止める向きがある。「これまでは日本の放送局からの受注仕事が全てだった。オリジナルアニメも手掛けるネットフリックスは我々にとって、飛躍に繋がる新しい道筋を作るものだ」という声を日本のアニメ制作プロダクションから実際に聞くことも多い。そしてネットフリックスは賛同するプロダクションを囲い込むことも始めた。プロダクションI・Gをはじめ、包括業務提携するプロダクションは5社以上に拡大している。こうして「チームアニメ」を構築し、中長期的にオリジナル作品に取り組む体制を整えるのが狙いだという。

また海外クリエイターの「チームアニメ」にも参加を促し、グローバルな「チームアニメ」によって、日本のアニメ（ジャパニメーション）に求められる日本的なエッセンスを入れつつ、シームレスな文化の味わいを滲ませるテクニックをみせるというわけだ。先を見据えてクリエイター育成にも余念がない。フランスの名門スクール「ゴブラン」と提携し、日本のアニメプロダクションに人材を派遣し、原画制作やキャラクターデザインについて学ぶ機会を創出している。

日本のアニメが世界にファンを広げてきたことに注目したネットフリックスが、さらに日本のアニメを昇華させていく道を作り出している。これまでは、「ジャパニメーションは結局、ニッチ（すきま）の域を超えないのか」と、日本のアニメが否定的にみられることもあった。しかし、ネットフリックスの台頭によって、英語圏以外の作品からも小ヒットが生まれているように、世界のコンテンツ戦略のトレンドはニッチに移行している。

筆者がそのことを確信したのは、２０１８年に日本で開催されたアニメ新作発表会の時である。当時、ネットフリックスの日本発コンテンツ担当ディレクターを務めていたジョン・ダーデリアン氏がこう話していた。「目指しているのは、地域別や世界向けといったことを意識せず、それぞれの国で最高のクリエイターが最高のコンテンツを生み出し、それを全世界で楽しんでもらえることである」。つまり、小ヒットを打ち続けていくことにも価値を置いているということ。そこから商機が広がるのならば、ニッチの集合体にフォーカスしたネットフリックス・ジャパニーズアニメの戦略に、間違いはないのかもしれない。

裏社会からみえる日本の素顔――『全裸監督』

これまでみてきたように、地上波テレビ企画、日本ブーム、アニメを通して、じわじわと日本ブランドを作り上げてきたネットフリックスから、代表作と呼べる日本オリジナルがついに登場した。それが２０１９年８月８日から世界同時配信されたドラマシリーズ『全裸監督』だった。一気見視聴を意識したテンポとストーリーへの没入感は「これぞネットフリックス作品」と呼べるもので、テレビ広告収入縮小の負のスパイラルに陥ってしまっている日本のエンタメ業界をぶった切る勢いの作品である。

物語は日本の80年代のアダルトビデオ業界を舞台に物語が始まる。本橋信宏によるノ

Netflixシリーズ『全裸監督』

ンフィクション『全裸監督　村西とおる伝』（太田出版）を原作に、「放送禁止のパイオニア」こと村西とおるの半生を描くもの。伝説のＡＶ女優・黒木香など、村西と共に黎明期のアダルトビデオ業界を駆け抜けた人物や実際の出来事を追いながら、味わい深くエロティシズムとユーモアを交えた壮絶な人生ドラマがシーズン1と2を合わせて全16話にわたって展開される。

その見どころは多岐にわたる。なかでも、これまでオタク、闇金業者、勇者など、ありとあらゆるキャラクターを演じてきた俳優・山田孝之《たかゆき》が、前科7犯、借金50億、米国司法当局から懲役３７０年を求刑されたＡＶ監督・村西に成り切る姿は必見である。シーズン1公開前の２０１９年6月25日に東京都内で開催された「ネットフリックス・オリジナル作品祭」に登壇した際、山田は「完コピは考えていなかった」と前置きしつつ、

「村西さんに実際お会いすると、相手と内容によって切り替わる方だとわかった。つまり、スイッチを入れるタイプ。カメラを回す「モンスター」の村西とおる像だけを演じてしまうと、苦悩の状態の時の人間らしさが伝わりにくくなる。だから、スイッチが入る瞬間を意識した」と、役作りのこだわりについて語っていた。パンツ一丁でカメラを担ぎ、ニヒルな笑みを浮かべるビジュアルイメージからして、「何かワケあり」の雰囲気が醸し出されている。

ネットフリックスには『ナルコス』という、80年代のメキシコを舞台に麻薬戦争の裏側をあぶり出す実話をベースにした大ヒット作品があり、こうした裏社会の歴史ものは人気カテゴリーのひとつでもある。『全裸監督』も、ダークヒーローや負け犬を意味する典型的な「アンダードッグ」物語である。バブルの時代に欲望と金にまみれて崩壊していくアダルトビデオ業界ビジネスドラマとしてもじっくり味わえる。

また後に黒木香となる恵美（森田望智《みさと》）というヒロイン像は、『全裸監督』のキャラクターの真骨頂である。タイトルにある「全裸」には１ミリも嘘がなく、黒木香の代表作『ＳＭぽいの好き』が生まれる瞬間の舞台裏を濃密に描くシーンは『全裸監督』のキモでもある。だが、ドラマはＡＶそのものに嫌悪感を抱くことが多い女性視聴者層も決して無視していないのだ。恵美を通じて、自己表現の自由を求めたひとりの女性の姿も省くことなく描かれているからである。

総監督を務めた武正《たけ》晴氏の言葉からもそれを裏付けることができる。「男性目線だけの作品はもう通用しない。これまで１００年以上にわたって、男性目線で作られるものが支配していたことも事実だが、これからは世界基準で作品を作っていこうとしたらそれでは無理が生じる。性を扱う作品は剣を刺すようなもので、子どもだろうが、大人だろうが、人間として描くことが求められる」。

「女を舐めるなよ、という思惑で作った」という、安藤サクラ主演の『百円の恋』を代表作に持つ武監督らしい想いでもある。

日本映画界で30年のキャリアを持つ武監督は、シーズン1、シーズン2にわたり総監督を務めている。シーズン1の製作時は日米交えて選りすぐりのスタッフが集結したことも特徴にある。美術監督はハリウッドで活躍する中西梨花、衣装は『キル・ビル』の小川久美子、音楽は『モテキ』の岩崎太整といった顔ぶれだ。また脚本の構想時にネットフリックス・オリジナルシリーズ『ナルコス』の脚本家・ジェイソン・ジョージを招き、その指導のもとに脚本チームが執筆に着手したという。そして、当時の新宿歌舞伎町を再現した屋内セットが作られ、どの位置、どの角度からも撮影できるという制限のない制作環境が整えられた。まさにお金に糸目をつけないネットフリックススタイルである。

この『全裸監督』の成功を、ネットフリックス自身も「日本のみならずアジア全域でも成功を収めている」と評価している。海外のメディアもこぞってネットフリックスによる多言語シリーズの成功例のひとつとして報じた。辛口評価で知られる米国のレヴューサイト「Rotten Tomatoes（ロッテン・トマト）」では、シーズン1の公開後、肯定的レビューが98パーセントという高評価を得たほどだ。ユーザーの評価に目を向けると、「これは日本版『ブレイキング・バッド』だ」「シーズン1全8話を一気見した」など、好意的なコメントが並んでいる。

そして、コロナ禍の中で撮影が進められたシーズン2は、２０２１年6月24日に全世界同時配信された。昭和が終わる80年代の最後の年である１９８９年でエンディングを迎えたシーズン1から続き、シーズン2の舞台は1990年代に突入。その時代を象徴する日本のバブル崩壊と同時に転落していく村西とおるの姿から、人生観を問う濃厚な人間ドラマが描かれている。地に堕ち、全てを失った村西とおるが最終的に得たものは何だったのか。残りの8話でその答えを導いていった。エロティシズムからもビジネス視点からも日本の美学がみえてくる作品が全16話で完結してしまうのは勿体ない気もするが、これも引き際の潔さと捉えている。

ジャパンオリジナルの変遷からみえるネットフリックスの素顔

『火花』から始まり、『全裸監督』を生み出すまでのジャパンオリジナルの変遷をたどることによって、動画配信覇者ネットフリックスの素顔が少しずつみえてきたのではないか。個々の作品の背景には、ネットフリックスの基本的な戦略とポリシーが隠されているからだ。ネットフリックスの戦略のなかで、ローカルのオリジナルコンテンツ戦略の基本を筆者なりに解釈すると、「ローカルANDグローバル」をモットーとしていることがわかる。「ローカルORグローバル」でもなければ、「ローカルAND THEN

グローバル」でもない。

「ローカルORグローバル」の考え方は、もともとコンテンツ市場にあったものである。ターゲットをローカル市場に置くか、グローバル市場に置くかによって、企画の趣旨は変わる。ローカル市場のマーケティング情報だけでなく、グローバル市場のマーケティング情報を持っているか否かで、おのずとグローバル市場を狙うことができるかどうか、答えが変わってもくる。これはグローバルにもマーケットを持つアメリカ発のコンテンツが圧倒的に有利に働く。

アメリカ以外の国では「ローカルAND THEN グローバル」が有効な策である。ネットフリックス台頭以前は、ローカルでヒットさせ、海外への進出の道を探るといった流れが一般的だった。リメイクという手法もあり、展開する国に合わせてローカライズしたものをヒットさせることが英語圏以外の国ではよくみられる。言語や文化、習慣の障壁を取り除くことができる大きなメリットを持ち合わせるが、時間と手間がかかることもあり、成功事例を次から次へと生み出しにくいデメリットもある。

では、ネットフリックス流の「ローカルANDグローバル」とは何か。ローカル市場とグローバル市場の両方を同時に見据えて作るのが「ローカルANDグローバル」の基本形。これは190ヵ国・地域、全世界同時配信を実現するプラットフォームを持つネットフリックスならではの戦略なのである。時間をかけて、海外進出を探り、セールスし、放送にこぎつけるまでしなくとも、棚に並べた瞬間に世界のネットフリックス会員が視聴できる仕組みを作ったのだ。

ネットの時代はSNS上で発信すれば、全世界のユーザーに届くことが当たり前。番組コンテンツをネットで届けることそのものはYouTubeが先行していたが、それをネット上で定額制サービスのビジネスとして成立させた功績は大きい。ネットフリックスは市場のニーズを見据え、先見の明があったことに尽きる。だが、仕組みだけでなく、コンテンツ戦略のポリシーが「ローカルANDグローバル」にあることが成功の大きな要因だ。

マーケティング力、それを実現させるための資金力、そして圧倒的な力を見せつけるプロモーション力を戦略に集約させることは理想的ではある。そんな能力にもネットフリックスは長けているのだろう。だが、「ローカルANDグローバル」は既存の概念を覆す戦略であった。番組コンテンツの多言語、多様性を進めていくことに、ある意味ポリシーすら持っていたに違いない。

『全裸監督』とは、そんな戦略とポリシーがあった上で生まれた作品である。ネットフリックスが日本に上陸して、『全裸監督』の成功までに4年の月日を要したが、その道のりを作品ごとに振り返ることで、動画配信覇者ネットフリックスの素顔を垣間見ることができる。

コロナ禍で生まれた『愛の不時着』ヒット

『全裸監督』以降、男性5人組のアイドルグループ「嵐」の姿を追うドキュメンタリーシリーズ『ARASHI's Diary－Voyage－』や、東京を舞台に世代の違う女性たちの生き様を描いた蜷川実花《にながわみか》監督のドラマシリーズ『Followers（フォロワーズ）』、人気俳優の山崎賢人《けんと》と土屋太鳳《たお》のW主演による漫画原作の『今際《いまわ》の国のアリス』などの作品も話題に上った。いずれも「ローカルANDグローバル」の視点を持ち、ネットフリックスにおけるジャパンオリジナルの価値を追求していた。

ジャパンオリジナルが日本の視聴者をネットフリックスの世界に誘うものだと確信していたのだが、『全裸監督』が配信された翌年の2020年、日本で最もヒットを飛ばしたのは韓国ドラマだった。その代表が恋愛ドラマ『愛の不時着』である。

パラグライダー中に思わぬ事故に巻き込まれ、北朝鮮に不時着してしまった韓国の財閥令嬢が堅物のエリート軍人と出会い、身分を隠して暮らすうちにタイトル通り真実の愛に「不時着」してしまう——。そんな恋愛ストーリーにコメディーとサスペンスの要素を巧みに折り交ぜ、日本のみならず、欧米、アジアでも話題になった。ネットフリックスの人気コンテンツランキング「今日の総合トップ10」にはこの『愛の不時着』をはじめ、次々とリリースされる韓国発ドラマが常に並び、韓国ブームが巻き起こった。

日本における韓流人気は、2003年に放送され、「ヨン様ブーム」を作ったドラマ『冬のソナタ』をきっかけに拡大していった経緯がある。その後、「K-POP」が2010年から14年にかけて確立され、「第4次」と呼ばれる韓流ブームが2020年に大きなうねりとなった。

その背景には韓国産エンターテインメントの評価を大きく引き上げたポン・ジュノ監

督・脚本の映画『パラサイト　半地下の家族』のインパクトも大きいだろう。２０２０年の「第92回米アカデミー賞」での４冠獲得は世界中に衝撃を与えた。日本での興行収入は45億円を超え、歴代韓国映画の過去最高額を更新。世界各国でも「外国語映画の史上最大のヒット作」として好成績を収め、全世界の興行成績は約２億５８６３万ドル（約２８０億円）に上る（米Box Office Mojo）。

この『パラサイト』旋風を追い風に、韓国ドラマも見出されていったのだ。奇しくもコロナをも味方につけた。世界中がロックダウンのさなか、巣ごもり消費の恩恵を受けたネットフリックスにラインナップされる韓国ドラマに目が向けられたというわけである。

Netflixシリーズ『愛の不時着』

『愛の不時着』は韓国のケーブルテレビ局ｔｖＮで２０２０年２月16日に放送された最終回で同局最高視聴率をたたき出

した後、翌週の2月23日から全16話がネットフリックスで一挙配信された。世界各地で巣ごもり期間に入っていくタイミングであった。

２０２０年6月29日に開催されたアジアの映像ストリーミング業界イベント「ＡＶＩＡ ＯＴＴバーチャル・サミット２０２０」に登壇したネットフリックスアジア太平洋事業開発担当ヴァイスプレジデント、トニー・ザメツコウスキー氏のコメントからもそれを裏付けることができる。「『パラサイト』のような映画が成功したことで、アジアのコンテンツに対する需要が非常に高まっている」と話していた。ザメツコウスキー氏は、ネットフリックスがアジアだけで２００本のオリジナル作品に投資し、そのうち4分の1にあたる約50本は韓国発であることも明かした。「ローカルＡＮＤグローバル」コンテンツの主力は今、韓国にあることを認めざるを得ない事実だ。

実力のある製作プロダクションが韓国で育っていることもヒットを後押ししている。『愛の不時着』の製作プロダクションは『トッケビ～君がくれた愛しい日々～』などで知られる韓国を代表するスタジオドラゴン。韓国大手財閥のＣＪグループの傘下にあり、申し分ない資金力を強みに、世界のエンターテインメント作品と肩を並べようとグローバルヒットドラマを戦略的に作り出している。

２０２０年5月7日に発表されたスタジオドラゴンの２０２０年１～3月の売上は、前年同期に比べ７・６％増加した１２０３億ウォン（約１１３億円）。そのうちコンテンツのセールス額は売上の約半分を占める６６９億ウォンを計上し、同期史上最高額をたたき出した。海外セールスは上昇傾向にあり、経営の柱にしている部門でもある。公表している経営戦略の中でネットフリックス強化策を掲げ、ネットフリックスには『愛の不時着』で主役を演じたヒョンビンが主役の『アルハンブラ宮殿の思い出』や人気俳優キム・スヒョン主演の『サイコだけど大丈夫』なども並ぶ。スタジオドラゴンは世界ヒットドラマのひとつである『ゲーム・オブ・スローンズ』を生み出したＨＢＯなどハリウッド勢との共同制作にも力を入れ、世界市場の業界では知る人ぞ知る存在。「スタジオドラゴン作品であれば、ヒットも当然」といった実力派なのである。

日本市場はネットフリックスの「ローカルＡＮＤグローバル」戦略の主力とは言い切れず、その実力をグローバルで試す準備がまだ整っていないことを思い知らされる。役者の育成からプロダクションまで一体化したエコシステムと強固な業界ネットワークが築かれている韓国と比較すると、日本の映像市場はその辺りの基盤が残念ながらまだまだ弱い。ポスト『全裸監督』と呼べるヒットを早急に作り出すことで、ネットフリックスの日本の成功は確信へと変わっていくのではないだろうか。具体的に世界でヒットする作品とはどのようなものがあるのか。次章では本国アメリカの話題に移し、グローバルヒット作を生み出した背景を探っていく。

第3章

動画配信の覇者
ネットフリックス躍進のカギ

全ては『ハウス・オブ・カード』から始まった

第3章では、ネットフリックスがディズニーなどと並ぶ世界有数のスタジオに勢いよく上り詰めていくことができた理由を探っていく。それを語るのに欠かせない、アメリカ発のオリジナルコンテンツを通じてネットフリックスの素顔をあぶり出していくとしよう。

筆者がネットフリックスのブレイクを感じ取った瞬間は、第2章でも述べたように、２０１４年にフランス・カンヌで開催されたＭＩＰＣＯＭ（ミプコム。テレビ番組コンテンツの国際見本市）でのことだった。ネットフリックスのキーノートに業界関係者が詰めかけ、１０００人収容の会場で入場制限がかかったほどの熱狂ぶりをみせたからだ。これまで10年以上カンヌのＭＩＰＣＯＭに通ってきたなかで、これほどの熱気に遭遇したのはじめてのことであった。我こそはネットフリックスと仕事をしたい。業界に革命を起こすネットフリックスの戦略を聞きたい。ネットフリックスっていったい何者？　そんな空気に包まれていた。

Netflixシリーズ『ハウス・オブ・カード』(シーズン1～6 独占配信中)

カンヌでの注目ぶりには明確な理由があった。デジタルファーストで勝負に出たネットフリックス・オリジナルシリーズ『ハウス・オブ・カード 野望の階段』の成功によって業界内でネットフリックスに対する見る目が大きく変化したからだ。

第2章で述べたように、『ハウス・オブ・カード』は、アメリカ政界のドロドロとした権力闘争を描くドラマである。主人公フランクがアメリカ大統領に上り詰めていく、そしてその妻であるクレアも大統領にまでのし上がっていく様子を描いている。ハリウッドの第一線で活躍し、ギャラもトップクラスのデヴィッド・フィンチャーを監督に迎え、1話5億円とも言われる破格の製作費をかけた勝負策である。

2013年に世界に同時配信されると、瞬く間に評判を呼んだ。日本では当時ネットフリックスがまだ参入していなかったため、その盛り上がりを肌で感じることができなかったが、同時に日本のような未配信地域では映画専門チャンネルなどで放送したりDVD展開するほど力の入れようだった。従来のウィンドウ戦略に囚われないやり方が業界にインパクトを与えていた。

そして2013年のプライムタイム・エミー賞で、ネット配信のオリジナルドラマでは史上初となる主要部門にノミネートされる快挙を果たす。エミー賞とは、映画界の「アカデミー賞」、音楽界の「グラミー賞」と称される米テレビ業界では最高の栄誉とされるアワードである。最終的に（2019年までに）、テレビ業界で最も影響力あるエミー賞で「演出監督賞（ドラマシリーズ部門）」など合計7つの賞をかっさらったのだ。

巨匠のデヴィッド・フィンチャーがなぜいまさらドラマに？　当初はそんな声も聞かれたが、内容は圧巻で、エンターテインメント性を徹底追求した骨太のストーリーは「マーケティングの鬼」と言われるネットフリックスならではである。勢いに乗って2014年に配信開始されたシーズン2では、オバマ大統領（当時）が配信日前日に「明日はハウス・オブ・カード配信日。ネタバレ厳禁でよろしく」とツイートするほど社会現象と化していた。

話をカンヌのMIPCOMに戻すと、ネットフリックスのいまの共同CEOで、当時最高コンテンツ責任者を務めていたテッド・サランドス氏が登壇したとき、「『ハウス・オブ・カード』をご覧になったことがある方は？」と尋ねるシーンがあった。参加者が一斉に手を挙げたことに、サランドス氏が喜びを隠せない様子でニヤっと笑ったことが、今でも記憶に残っている。

人気のある作品はシーズンを重ねていく。『ハウス・オブ・カード』シーズン4（2016年）からは日本でも同時配信を開始、筆者も配信日を待ち望んだファンのひとりだった。アメリカでは米大統領選が行われていたこともあって、現実と見まがうようなストーリーが人々を夢中にさせた。

ひとつ残念なのは、主役を務めたケヴィン・スペイシーが未成年へのセクシャル・ハラスメント疑惑によって、途中で降板したことである。これが決定打となり、『ハウス・オブ・カード』はシーズン6をもって終了している。

とはいえ、全シーズンを通じてこれまで56回もエミー賞でノミネートされた功績は大きい。エミー賞と並んで注目度の高いゴールデングローブ賞では2回の受賞に輝き、全米映画俳優組合賞やピーボディ賞などでも受賞を果たすなど、数々の栄誉に輝いている。ネットフリックスが驚異的な存在と見られるようになったことについて、全ては『ハウス・オブ・カード』から始まったと言っても過言ではない。

世界ヒットを作ったネットフリックス・オリジナルの変遷

『ハウス・オブ・カード』の成功はテレビ業界全体の流れも変えていった。それまで、ネットフリックスは買い付けた番組をデジタル配信する会社に過ぎなかったわけだが、自ら制作費を投じて本格的な作品の担い手になったことにより、ディズニーやワーナーに比肩するスタジオとしての顔を持ち、その存在感をじわじわと示していった。

また、ライバル的存在のアマゾンもスタジオとしての機能を持ち始めたことで、オリジナルコンテンツそのものに商品価値が増して、ハリウッドを代表する監督や俳優陣が次々とオリジナルに関心を寄せていった。意外だったのはウディ・アレン監督である。彼は『ハウス・オブ・カード』を見るや否や、アマゾンでオリジナルドラマを撮る話を進めることになったとか。

後出のように、スティーヴン・スピルバーグ、マーティン・スコセッシ、スティーヴン・ソダーバーグ、コーエン兄弟といったヒットメーカーがネットフリックスでオリジナル作品を打ち出し、ロバート・デ・ニーロ、アル・パチーノ、ケビン・コスナー、ブラッド・ピット、サンドラ・ブロック、ティルダ・スウィントン、ウィル・スミスといったスター俳優が、ネットフリックス・オリジナルに華を添える。

一方でネットフリックスは、次世代を担うクリエイター育成にも力を入れていく。ネットフリックス・オリジナルの最大ヒット作と言われるSFホラー『ストレンジャー・シングス 未知の世界』のクリエイター兼ショーランナー（制作総責任者）のダファー兄弟はまさにその代表例にあたる。どのスタジオにも断られた企画を拾い上げ、無名だった彼らに手を差し伸べたネットフリックスは先見の明があったというわけだが、同時に勝負師の顔も見えてくる。人々が見たことのないもの、見る者をワクワクさせる面白いものとは、いったい何なのか。探求心を持ちつづけ、それを制作の奥義として勝負をかけたからこそ『ストレンジャー・シングス』のヒットがある。

クリエイターのジェンジ・コーハンもその一人である。彼女の名を世界に広めたのは、女性刑務所を舞台にしたコメディドラマ『オレンジ・イズ・ニュー・ブラック』である。この作品はネットフリックスの最高コンテンツ責任者のテッド・サランドス（のちに共同ＣＥＯ）が一押ししたことでドラマ化が実現したと言われている。レズビアンもバイセクシュアルも個性のひとつとして、塀の中で生き生きとした女性囚人たちの人間模様を描く話が７シーズンにもわたって展開され、惜しまれながら全91話で完結する。ネットフリックス・オリジナルのロングランヒットの代表作になった。

クリエイターのみならず、Ｚ世代の視聴者を取り込んでいくことにも余念がなかった。デジタルネイティブの若者たちを熱狂させた、10代の青春を描く『13の理由』がまず挙げられる。若者のいじめ、レイプ、自殺といったセンセーショナルな題材を扱うその内容について、オリジナルシリーズ部門のバイスプレジデントのブライアン・ライト氏は語る。「『13の理由』が世の中に出ることで、若者と大人が重要な課題に対する会話を始めるきっかけとなるのではと感じた」と、脚本が上がった時に確信したという。実際、ドラマで描かれる10代のリアルな姿は現代社会に問題を提起するものになった。

ネットフリックス・オリジナルは、ドラマから映画、ドキュメンタリーへと広がり、リアリティショーまで、ヒット作品を次々生み出していく。セクシュアルマイノリティを総称する「クィア」な5人組の視点で、応募者の人生をキラキラに改造していく『クィア・アイ』もその代表格である。『ハウス・オブ・カード』の成功から始まり、数々の世界ヒット作を経て、ネットフリックスはわずか10年足らずでメジャースタジオと並ぶまでに上り詰めていく。

大人から子どもまでファンを作り出した『ストレンジャー・シングス』

SFホラー『ストレンジャー・シングス 未知の世界』を詳しくみていこう。

「スピルバーグ作品から影響を受けていると思われがちだけど、実は日本の文化からの影響力が大きい。だって、2人とも超オタクで、ゲーム好き。『AKIRA』や『サイレントヒル』が、『ストレンジャー・シングス』のアップサイド・ダウン（裏側の世界）を描くのに役立ったよ」。2019年6月25日に都内で開催された「ネットフリックス・オリジナル作品祭」で、脚本・監督・ショーランナーを務めるダファー兄弟こと、

Netflixシリーズ『ストレンジャー・シングス 未知の世界』

ロス・ダファー、マット・ダファーの２人が日本のファンに向けたビデオメッセージの言葉である。作品祭の目玉のひとつとして『ストレンジャー・シングス』シーズン３（２０１９年7月4日配信）が紹介され、主要キャラクターのウィル役のノア・シュナップ、ダスティン役のゲイテン・マタラッツォらが来日し、ファンに向けて撮影の裏話などを明かした。

何よりも日本人の心に刺さったのはダファー兄弟が語った言葉だ。『ストレンジャー・シングス』を語る上で欠かせないのが、逆さまの異空間＝「アップサイド・ダウン」であり、２人が日本のアニメとゲームから得たものがその世界観を生み出したというのだ。作品のクリエイティブの根幹に日本の文化が宿っていることは誇るべきことだ。

シーズン1が世界配信されたのは2016年夏のこと。先の『ハウス・オブ・カード』などの成功でネットフリックスユーザーを増やしていたアメリカを起点に、世界各地でも瞬く間に人気を広めていった。SFホラーというジャンルゆえにカルト的な人気作というイメージもあり、日本ではじわりじわりと口コミで人気を集めた印象を持つが、ネットフリックス・オススメ作品に必ずと言っていいほど挙げられている。筆者も評判を聞きつけて初めて視聴した時は、思わず「ビンジウォッチング＝一気見」してしまった。1985年公開のアメリカ映画『グーニーズ』を彷彿とさせる、80年代カルチャーへのオマージュに溢れたディテールをはじめ、少年少女たちの冒険ファンタジーのドラマチックな展開には、夢中になって惹きこまれた。

シーズン2の公開を今か今かと待ち構えていると、アメリカで最も視聴率が取れる「スーパーボウル」（2017年2月5日）のハーフタイムショーでその予告篇が放映され、あわせて公開日も発表された。その年の10月27日にシーズン2が配信され、人気を不動のものにさせていった。

これまで『ストレンジャー・シングス』は、エミー賞、ゴールデングローブ賞、グラミー賞、全米映画俳優組合賞、全米監督協会賞、全米脚本家組合賞、英国アカデミー賞、米美術監督組合賞、ピープルズ・チョイス・アワードなど数々の栄誉ある賞で合計50回以上もノミネートされている。

ノースカロライナ州ダーラムに生まれた双子のダファー兄弟は、小学3年生の時に両親からHi8ビデオカメラをもらったことをきっかけに、映画制作に打ち込みはじめたと言われている。その後、2人はチャップマン大学のダッジカレッジに進学し、映像メディア芸術を専攻、2007年に映画制作の学位を取得して卒業。いくつかの短編映画の脚本を執筆し、自らメガホンを取ることになる。これらの作品がワーナー・ブラザーズとM・ナイト・シャマラン監督の目に留まり、世界滅亡後を描いたホラーサスペンス『Hidden（原題）』の脚本、監督を担当している。シャマラン監督の指名によりFOXのTVドラマ「ウェイワード・パインズ　出口のない街」で数話脚本を務めるなど既に頭角を現していたが、ネットフリックス・オリジナルの『ストレンジャー・シングス』がダファー兄弟の名声を決定づけた。ヒット作が生まれる背景にもアメリカンドリームがあるのがネットフリックスのなせるわざだ。

Z世代向けネットフリックス代表作の『13の理由』

「若者のテレビ離れ」が叫ばれて久しい。ＹｏｕＴｕｂｅやＴｉｋＴｏｋなど投稿型のソーシャルメディアに若者が集まっていくなか、かつて若者からも熱い支持を得ていたテレビはすっかりレガシー的存在になってしまっている。テレビも若者向けのコンテンツ開発を続けているが、そこに投資が集中しているとは言い難い。メディアの価値は供給される「コンテンツ」と、需要側のつまり視聴者の「習慣」の積み重ねによって築かれるもの。だから、メディアが若者に向けたコンテンツを供給することを怠ると、コンテンツに触れない若者が増え、習慣を持たない若者が年を重ねていけばいくほど、そのメディアへの総体的なアクセスも低くなる。つまり、若者に視聴体験を提供することは未来への投資なのだ。

週に1時間以上テレビを視聴している16～74歳のアメリカの消費者２０３６人を対象に、ハブ・エンターテイメント・リサーチ（Hub Entertainment Reserch）社が２０２０年6月にコンテンツ消費の状況を調査している。18～34歳の10人に6人以上が「公開されたばかりの映画であっても、お金を払って動画サービスで視聴することに抵抗を感じない」ということが明らかになった。また10人に７人がネットフリックス、Ｈｕｌｕ、ディズニープラス、アマゾン・プライム・ビデオは「コストパフォーマンスが優れている」と答えている。これは若者の動画サービスの視聴習慣の高さを表してもいる。さらにハブの分析コメントには、「テレビや映画を動画サービスで視聴することを強く好むこの若者の傾向は、エンターテインメント業界の流通システムを変える可能性も秘めている」とあり、若者の視聴習慣はビジネスに直結するほど影響力の高いものであることがわかる。

そんな背景を理解すると、ネットフリックスのオリジナルシリーズは、Ｚ世代を対象としたティーンの役者によるティーンのためのドラマを豊富に取り揃えている理由に納得できる。先述のネットフリックス最大のヒット作『ストレンジャー・シングス』を筆頭に、前述したティーンドラマの代表作『13の理由』も忘れてはいけない。女優歌手のハリウッドスター、セレーナ・ゴメスの名前が製作総指揮に並び、セレブの発信力によって広まった経緯があり、２０１７年にネットフリックスで最も見られた作品として記録されている。

このドラマは開始前と終了後に、「もしあなた自身や身近な人が精神的な問題で悩んでいる場合、13ReasonsWhy.info をご覧ください。本サイトでは相談窓口などの情報を提供しています」という警告テロップが流れる。扱うテーマは自殺やいじめ、レイプ、SNSトラブルといった10代の社会問題。主人公の女子高校生ハンナはなぜ自ら命を絶ったのか？　彼女が自殺した〝13の理由〟を収めたカセットテープをもとに、高校の同級生らがその真相に迫っていく。

劇中で描かれる10代の登場人物たちの心の葛藤や不安はリアリティがある。ハンナが自宅の風呂場で手首を切って自殺する生々しいシーンは物議を醸し、ネットフリックスは2年の議論を経て、２０１９年7月にこのシーンを削除、編集したことを発表している。米児童青年精神医学会（ＡＡＣＡＰ）の調査報告書をはじめ、「このドラマをきっかけに自殺した若者が増えた」と指摘する声が上がったからだ。全米で取り上げられるほどの社会問題にも発展し、ＷＨＯ（世界保健機関）も調査に乗り出した。ＷＨＯは「自殺の描写を避ける」などの指針が盛り込まれた「自殺予防の指針」を策定し、日本語版は２０２０年1月に公開された。

筆者はこのシーンの削除前、10代の我が子と視聴したので、多感な10代にとってどれほど衝撃が大きいか身を持って体験している。劇中にある「深刻な悩みであればあるほど、子どもは大人に話さない」というメッセージが助けとなって、子どもとの会話の時間を意図的に増やすきっかけにもなった。筆者にはポジティブに働いた作品になったが、一方で、気軽に視聴する類のものではないことは断言できる。

ネットフリックス自身も制作当初から難しいトピックを扱い、社会的に変化を巻き起こす強力な存在になることを認識していたことを明かしている。メディアが子どもや若者に与える影響について研究を行うノースウェスタン大学の「Center on Media and Human Development（メディアと人間発達センター）」にネットフリックスが調査依頼した結果では、10代を含め若者の71％が『13の理由』が自身に深く関係する内容だと考えていることがわかった。同時に、保護者の大多数が「本作はとても重要な内容を扱っているが、もっと情報が必要だと感じている」と答えたという。これを受け、視聴者のサポートを目的とした解説コンテンツなども制作され、『13の理由』シリーズに加えられている。紆余曲折を経た作品であるが、シリーズ作品としてシーズン４（２０２０年6月配信）まで作られた。

ＬＧＢＴコンテンツの裾野を広げた『オレンジ・イズ・ニュー・ブラック』

ネットフリックスはダイバーシティ（多様性）社会を意識したオリジナルコンテンツも意識的に作っている。イギリスのリサーチ会社アンペア・アナリシス（Ampere Analysis）の調査結果によると、２０１９年第１四半期から２０２０年第２四半期の間に、ＬＧＢＴをテーマにした映画やドラマ、リアリティショーの新作の8割がネット動画配信発。なかでもネットフリックスがＬＧＢＴコンテンツを最も揃えていることが明らかになった。アメリカでは「ＨＢＯマックス」「ピーコック」といったネットフリックスに対抗した世界規模のネット動画配信サービスが続々と立ち上がり、ＬＧＢＴコンテンツが目玉としてラインナップされている。多様性を描くドラマは今やヒットの条件のひとつにあるのだ。理由はある。ＬＧＢＴコミュニティに属している層やダイバーシティ社会を支持している層の年齢区分は18～34歳であり、かれらは動画配信サービスの加入率が高い年齢層とも合致する。つまり、ミレニアム世代やZ世代とLGBTコンテンツのマッチング度の高さという、人口構造に起因している。

アンペア・アナリシスのアナリスト、アリス・ソープ氏が「ネットフリックスの『オレンジ・イズ・ニュー・ブラック』とアマゾン・プライム・ビデオの『トランスペアレント』はLGBTコミュニティを超えて、LGBTをテーマにしたコンテンツの魅力を証明した」と解説するように、LGBTの裾野を広げた役割も作ったのである。先にも触れた通り、起爆剤となった『オレンジ・イズ・ニュー・ブラック』はネットフリックスの現共同CEOテッド・サランドスがドラマ化実現に一役買ったと言われている。サランドスが最高コンテンツ責任者の立場で、ネットフリックスがスタジオのバリューを上げるべく、オリジナルコンテンツ制作を推し進めるなかで生み出された作品のひとつであった。

本作は女性刑務所が舞台。ニューヨークの裕福な家庭で何不自由なく育った主人公パイパー・チャップマン（テイラー・シリング）が、若い頃に犯した麻薬密輸の容疑で刑務所に収監されるところからストーリーが始まる。ブロンドの美人で、優しい男性の婚約者がいる白人女性が主役というアメリカドラマの定型は初期設定のみで、レズビアンもバイセクシュアルも多様性のひとつだとして、塀の中で生き生きしたキャラクターの女性囚人たちの人間模様が描かれているのが本作の魅力だ。社会派コメディと分類されるように、笑って泣けて、人種差別や格差社会の現状を考えさせる奥深さも備わっている。原作（『オレンジ・イズ・ニュー・ブラック──女子刑務所での13ヵ月』）の著者、パイパー・カーマンの実体験がもとになっているのだ。

7シーズンにわたって展開され、全91話（1シーズン13話）で完結するロングヒットシリーズは今でも人気が色あせない。文化や言語、ジェンダーの様々な側面から多様性のあるコンテンツを揃えるネットフリックスならではポリシーを表すものとなっている。

ネット世論を味方にしたリアリティショー『クィア・アイ』

ゲイの5人組が活躍する人気番組『クィア・アイ』もＬＧＢＴジャンルの代表作だが、同時にリアリティショーを代表するシリーズでもある。日本ではリアリティショーと言えば恋愛もののイメージが強いが、時代や社会背景に合わせた『クィア・アイ』のような問題解決型など、様々な切り口のリアリティショーが作られている。共通するのは「台本のないリアルさ」を売りにしていること。一般人が出演するものも多い。ドキュメンタリー番組のショーアップと言っていいだろう。２０１８〜19年頃からネットフリックス・オリジナルにもこのリアリティショーが増え始め、２０１８年2月に配信開始された『クィア・アイ』はネットフリックス・リアリティショーの先駆け的存在だ。

主役は人生に悩む人。見た目も中身もイケてない悩める人々を「5人組」があの手この手でキラキラに改造していく様子をドキュメンタリータッチで見せていく。タイトルの〝クィア〟は先にも触れた通りセクシュアルマイノリティを総称する言葉で、〝アイ〟は5人組の視点。メイクやファッションで大変身させ、ビフォーアフターの違いを見る番組は物珍しくはないが、『クィア・アイ』は見た目だけにとどまらない。勝ち組と負け組に分かれた社会や、人種や移民、ジェンダー、ＬＧＢＴに対して根深く残る差別のなかで、自分らしく生きる術を見つけてほしいと人々が内面を変化させることを重要視している。「食生活を見直そう」「部屋を片づけよう」「身だしなみを整えよう」「自信をつけよう」と、それぞれの分野のプロフェッショナルがたたみかけていく言葉は爽快だ。

アントニ・ポロウスキ（フード・ワイン担当）、ボビー・バーク（インテリア担当）、ジョナサン・ヴァン・ネス（美容担当）、カラモ・ブラウン（カルチャー担当）、タン・フランス（ファッション担当）の5人自身もビジュアル面の魅力だけではなく、内面も包み隠さない。5人それぞれが○○はゲイという立場で偏見の目にさらされてきた過去を乗り越えているため、「人の嫌がるところばかり見るんじゃなくて、共通点を探そう」と、悩めるターゲットに投げかける言葉が心に響いてくる。そんな5人組の熱意に引っ張られて、「たとえ生き辛さを感じる世の中であっても、身近なところから丁寧に生活しよう」と観ている側も思わずにはいられなくなる。リアリティショーのニーズは国境を越えるのだと、そのようなメッセージをネットフリックスは伝えている。

『クィア・アイ』番外編である日本を舞台にした『クィア・アイ in Japan!』も全世界で配信されている。この日本編では、インスタグラムのフォロワー数が950万人を超えるお笑い芸人の渡辺直美や女優の水原希子《きこ》も登場し、日本の一般応募者たちを生まれ変わらせている。

ネットフリックスがこだわるリアリティショーのコンセプトは、「誰でも楽しめる、没入感のあるストーリー」だという。『クィア・アイ』などネットフリックス本社で番組PRを担当するニック・ジョーンズ・リアン氏にその理由を求めたところ、「『クィア・アイ』のように、視聴者から多くの感情を引き出し、口コミとして広がり、高い評価を得ているコンテンツを私たちは作りたいと思っている」というコメントがあった。華やかなエンターテインメント性よりも、敏感なネット世論を反映し、むしろ現実を突きつけるリアリティショーが配信番組では支持される傾向にあると受け止めた。

今はＹｏｕＴｕｂｅやＴｉｋＴｏｋから次々と新しいスターが生まれる時代である。『クィア・アイ』の5人組もこの番組をきっかけに世界的に人気を集め、それぞれ活躍の場を広げている。ネットフリックスではタン・フランスが司会を務めるファッションバトルのリアリティショー『ネクスト・イン・ファッション』が、２０２０年に配信されている。ネットフリックスが生んだスターを起用する番組が作られることそのものは否定しないが、『クィア・アイ』のようなネットフリックスらしさが際立つ切り口のアリティショーはもっとあっていいと思っている。そろそろ拘りをみせた次のヒット作が生まれることをリアリティショーファンの一人として、期待しているところだ。

オスカーも認めるドキュメンタリー

あらゆる映像ジャンルを攻めるネットフリックスはドキュメンタリーのラインナップも豊富だ。日本ではエンタメ度の低いドキュメンタリーは敷居の高いものと見られ、民放テレビでは深夜時間帯にひっそりと放送されることも多い。ドキュメンタリーは欧米では幅広い層から熱く支持されているが、日本と同様にビジネス面では制作資金が集まりにくいという悩みがあった。そんな矢先に、救世主のごとく現れたのがネットフリックスだった。ドキュメンタリー業界ではドラマや映画業界と比べて、歓迎ムードが先行していた印象が強い。

当初は、「魂を売ってしまうようで、ネットフリックスで企画を通すのは避けたい」と話すドキュメンタリー制作者もいたが、作品を届ける場が限定されがちだっただけに、世界配信の魅力の方が増していった。これまでテレビでは扱われなかったようなテーマやタブーを扱う作品もラインナップに多く、ドキュメンタリー作品の幅を広げる役割を担っていることもネットフリックスの存在価値である。
２０１９年7月10日号『ａｎ・ａｎ』のネットフリックスドキュメンタリー特集で、ナビゲーターの一人として筆者は下記のコメントを寄せている。

ドキュメンタリーの魅力は取材対象者の表情や言葉がすべて〝嘘ではない〟ところ。たとえ口では嘘を言っていても、一瞬の目の泳ぎや表情の変化などにリアルが宿っており、そこを観るのがおもしろい。人間のいいところも、醜いところも自然に映し出してしまうのがドキュメンタリーなのではないでしょうか。ネットフリックスの作品は、情報量は多いですが、良い意味で結論を出さないものが多い。その後、誰かにシェアしたり、ディスカッションしたくなる、そんな力がありますね。

つまり、ドキュメンタリーの魅力の本質と、ＳＮＳとの相性の良さをネットフリックスが再認識させたと、筆者は考えている。そもそもドキュメンタリー特集が一般誌で組まれることが珍しく、そのブランド力の強さも実感せざるを得なかった。

作品の広がりとともに、ネットフリックス・オリジナルドキュメンタリーがオスカーで認められるのも早かった。シリア内戦の渦中で一般市民の救助に命を懸ける3人のボランティア救助隊員の姿を追った『ホワイト・ヘルメット―シリアの民間防衛隊―』が2017年のアカデミー賞短編ドキュメンタリー映画賞を受賞。それを皮切りに、スポーツ競技におけるドーピング問題について、自身が自転車レーサーでもあるブライアン・フォーゲル監督が迫る『イカロス』が2018年の長編ドキュメンタリー映画賞を受けている。2019年はインドを舞台に、生理用ナプキンを巡って経済的自立に向かう女性たちの姿を追った『ピリオド―羽ばたく女性たち―』が短編ドキュメンタリー映画賞を受賞した。この『ピリオド』はライカ・ゼタブチ監督の作品。日本でも公開されたインド映画『パッドマン――5億人の女性を救った男』とベースとなる話は同じだが、女性の生理がタブー視されているインドのある村の実態が26分尺の中に収められ、女性たちが歩みを進める姿が印象的だ。

2020年も華々しく長編ドキュメンタリーの『アメリカン・ファクトリー』が長編ドキュメンタリー映画賞を受賞した。米中の経済と社会、文化の対立を浮き彫りにしていく工場物語で、バラク・オバマ前米大統領と妻ミシェルが立ち上げた制作会社ハイヤー・グラウンド・プロダクションズ（Higher Ground Productions）第一弾作品である。続いて、２０２１年も長編ドキュメンタリーの『オクトパスの神秘：海の賢者は語る』が受賞に至った。南アフリカの美しい海を舞台に、映像作家の男性と1匹のタコの間に生まれた心の交流を描いた異色のネイチャードキュメンタリーで、高い評価を得た。オスカーのドキュメンタリー部門で5年連続という名声を勝ち取ったネットフリックスの実力は確かなものであることを証明した。だが、ネットフリックスは賞レースの結果以上にドキュメンタリーの裾野を広げる役割を果たしていることにも注目すべきだろう。

アカデミー受賞作『オクトパスの神秘：海の賢者は語る』はノミネートに挙がった一時期、先にも挙げたアメリカの辛口映画レビューサイトで知られる「Rotten Tomatoes（ロッテン・トマト）」で超異例の１００％の支持率を獲得した。独創力を発揮した作品に魅了された視聴者は多かった。知られざる世界の扉を開ける楽しみがあるのもドキュメンタリーの醍醐味であり、視聴者の好奇心を容易に擽《くすぐ》る作品もネットフリックスは積極的に棚に並べている。コロナ禍の２０２０年に世界各国で話題になった『タイガー・

キング：ブリーダーは虎より強者?!』はまさにその類の代表例にある。米オクラホマで私設動物園を営むジョー・エキゾティックが敵対関係にあるキャロル・バスキンの嘘か誠か殺人計画を企てる姿に密着したもので、日本ではそれほど話題にならなかったが、ネットフリックス独自集計による「本日の総合TOP10」ランキングで各国・地域でおしなべて長らく1位を獲得した。前代未聞の先行き不透明のパンデミックの最中、破天荒な登場人物のキャラクターとゴシップ的要素が強い軟派なドキュメンタリーが現実逃避の最適コンテンツとして映ったわけだ。一方、大きな話題に至らずとも、オススメしたくなるようなドキュメンタリー作品がネットフリックスには揃っている。そう思わせる理由がある。ジャンルもテーマも比較的、偏りがないことに加えて、現代社会を生きる上でヒントになるような切り口が多いからだ。例えば、東京2020大会開催直前の2021年7月16日に配信された『大坂なおみ』は女子プロテニスプレイヤー大坂なおみ選手の軌跡を追うものだが、単なるスポーツドキュメンタリーに終わらせない。アフリカ系アメリカ人女性のギャレット・ブラッドリー監督の手腕によって、ジェネレーションZ世代の1人の女性としての姿も捉えている。生き方の本質に迫った作品なのである。

英コンサルタント会社TAPEによると、2020年に公開されたドキュメンタリー番組数は2019年との前年対比で7・5％増加していることがわかった。ドキュメンタリー視聴の機会を増やしたネットフリックスは明らかにこの数字に貢献している。ただし、単純に視聴の機会を増やしただけではない。どうしたら裾野を広げることができるのか。こうした観点で作品を選び、棚に並べていると思われる。ドキュメンタリー業界分析において筆者が誰よりも信頼を寄せているTAPEのポール・ヤングブルース氏がこんな独自の見解を示している。「〝我思う、故に我あり＝I think therefore I am〟というデカルトの言葉があるが、今は、我信じる、故に我の正しあり＝〝I believe, therefore I'm right〟の思考に変化している。この思考を反映したドキュメンタリーには勢いがある」。つまり、フェイクニュースが蔓延する情報化社会を背景に、いわゆる「ポスト真実」の時代性を反映したドキュメンタリーが増え、支持されている傾向にあるというのだ。こうした世の中のニーズを機敏に汲み取るのもネットフリックスの得意技である。ドキュメンタリー分野においても発揮しているのである。

『ROMA／ローマ』――カンヌのネットフリックス論争

ドキュメンタリー分野で確実に成果をみせるなか、ネットフリックスが狙う本命は映画作品だった。スタジオとしての不動の地位を確立させる上で欠かせないタイトルになるからだ。最終的にアルフォンソ・キュアロン監督の映画『ROMA／ローマ』をオリジナル作品として打ち出し、2019年の第91回米アカデミーでを監督賞・外国語映画賞・撮影賞の計3部門の受賞を果たす。だが、それまでの道のりは決して簡単なものではなかった。

のっけからネットフリックスの映画界への参入は物議を醸す。それを象徴する出来事は2017年のカンヌ映画祭で起こったネットフリックス論争だ。カンヌ映画祭でその年初めて、最高賞のパルムドールを目指し、ティルダ・スウィントン主演、ポン・ジュノ監督のSF映画『okja／オクジャ』とエマ・トンプソン主演、ノア・バームバック監督のコメディ映画『マイヤーウィッツ家の人々（改訂版）』の2作品が出品されたが、ネットフリックス制作の映画作品を「受賞の除外対象」に挙げる議論が勃発した。除外に賛成する審査委員長のペドロ・アルモドバル監督が『映画館で公開されないネットフリックス作品にパルムドールを渡すことは考えられない！』と声高に話すニュースが全世界に届けられた。2017年、映画界の潮流を生み出してきたカンヌ映画界でのネットフリックスの印象は最悪だったのである。

当時、ネットフリックス論争でザワつく現地の声を取材すると、大きく2つの理由で論争の的になっていることがわかった。ひとつはネットフリックスがフランスの映画業界におけるエコシステムに貢献していないということ。フランスではCNC（フランス国立映画センター）のシステムが確立され、資金が循環する構造が作られている。映画のチケットに税金が課され、それをCNCが集金し、制作会社への援助となる仕組みになっている。大手制作会社からスモールプレイヤーまで、助成を受けて大きなプロジェクトを生みだせるメリットがある。だから、フランス映画業界では、フランスの映画館で上映することにこだわっているのだが、ネットフリックスはこれに応じなかった。そのため、フランスの監督やプロデューサー陣から批判にさらされたのである。

2つ目はウィンドウ戦略の違いによることが大きい。フランスでは当時、映画作品は劇場公開後4ヵ月後にVOD、10ヵ月後に有料テレビ、22ヵ月後に無料テレビ、36ヵ月後に配信が可能になるという縛りがあった。これに従えば、ネットフリックス作品は劇場公開から36ヵ月後に配信する必要が出てしまうが、独自路線を貫いている。ネットフリックスはみずからの論理で作品の独占販売権を取得し、先行配信するスタイルを固持したのである。

一方でその頃、オリジナル映画『マンチェスター・バイ・ザ・シー』を公開したアマゾン・スタジオは、2017年の米アカデミーで脚本賞と主演男優賞（ケイシー・アフレック）を受賞するなど、ネットフリックスと同じく映画界に積極的に進出し始めていたが、こちらは先行配信に初めにからこだわりはなかった。そのため、カンヌ映画祭はネットフリックスに対する態度と異なり、アマゾン・スタジオには好意的だった。

在日フランス大使館映像放送担当官の経歴を持ち、長年にわたってフランスのテレビ、映画の国際流通ビジネスに携わるマチュー・ベジョー氏に当時、カンヌの会場の様子を尋ねると、「まさにネットフリックスをめぐって熱い議論の真っただ中……」という言葉に続いて、現場の空気感をこう語ってくれた。「フランスは保守的で、いまだ映画産業のウィンドウ戦略に縛られている。時代の流れに合わせて変更するべきという声もあるが、現時点ではかなり厳しいというのが現実的な見方だ。ただし冷静にみると、今回この論争はネットフリックスにとって決してマイナスではないはず。たとえ彼らがカンヌ（映画祭）で賞をもらえなくても、カンヌの話題の中心はネットフリックスであることに間違いない。ふつうの作品でやろうとしてもなかなかできるものではありません」。

この騒動はネットフリックスが望んだかどうかはわからないが、ネットフリックスの意思はその後のアカデミー賞の賞レースで見えてくる。なおカンヌ映画祭におけるこのネットフリックス問題は2019年まで続き、2020年はコロナ禍の影響で現地開催されなかったことから、2021年も解決をみなかった。だが、コロナ感染の世界的な拡大は劇場公開そのものがままならない状況を生み出し、配信スタイルの定着が加速している。状況の変化が、議論の着地点を見出していく可能性はある。

ニッチ作品で見出す賞レースの勝利

ネットフリックスの映画界進出は批判の声とともにあるが、それでも異端児らしく負

Netflix映画『ROMA/ローマ』

けじと布石を打つのがネットフリックス流。映画『ROMA/ローマ』に出会ったネットフリックスはなりふり構わず勝負に出ていくのであった。

『ROMA』は、視聴意欲に繋げるにはなかなかハードルの高い条件を揃える作品ではある。というのも、舞台は1970年代初頭のメキシコシティのローマという名の地区、ヒロインは中流階級の家庭で働く家政婦、そしてその役を演じるヤリッツァ・アパリシオをはじめ出てくる役者は無名。それに輪をかけて全編にわたりモノクロで、言語はスペイン語。アルフォンソ・キュアロン監督自身の体験をもとに、時代の流れにたいしてしなやかに生きる女性の強さを見つめることができるストーリーは決して難解なものではないが、『ROMA』とアカデミー賞を競り合った、歌手フレディ・マーキュリーに焦点を当てた映画『ボヘミアン・ラプソディ』とはエンタメ性において対照的な作品だ。言うなれば『ROMA』は興行収入が見込みにくい作品なのだ。ジョージ・クルーニーとサンドラ・ブロックが共演したSF映画『ゼロ・グラビティ』でアカデミー賞を総なめにした実績を持つキュアロン監督の最新作というネームバリューが頼りという声もあった。そんな作品をなぜネットフリックスがオリジナル映画として独占配信権を購入し、賞レースで勝負に出たのか。

その答えはキュアロン監督の「スターが出演しないメキシコ作品がどれだけ映画館で上映されるのか？」という問いかけにある。かれらはまずクリエイターを味方に付けたのだ。業界内にはクリエイターを悩ます様々なジレンマが蔓延《はびこ》っている。そのひとつは、興行収入の見込めない作品はそもそも企画が通りにくいという状況だ。映画に限らず、見る人、使う人、興味を持つ人を選ぶようなニッチ路線は世の中に広がりにくい。内容が充実していても、また作り手の熱意があっても、興行収入が見込めない作品は予算が通らずにプロジェクトが行き詰まることは多い。

テレビ番組においてもそんな話をよく聞く。テレビ番組の評価基準は世帯視聴率であるため、企画を通すには視聴率が取れるか否かが大きな分かれ目になる。良作であっても予算がつかない現実があるのだ。日本の映画業界では2018年に大ヒットした映画『カメラを止めるな!』のようなサクセスストーリーが稀にあるが、戦略上こうした作品を生み出すことは難しい。ビジネスである以上、数字を基準に企画を通すことは当たり前のことだが、数字を基準にしていては同じようなものが溢れてくる。莫大なお金と大勢の人が関わるエンタメ業界ではそのジレンマに陥りがちだ。

こうした状況について、2019年1月に行われたゴールデングローブ賞授賞式のバックステージでキュアロン監督が米最大手の業界誌ヴァラエティに語った言葉がある。
「人種も言語も様々、スターが出演しないメキシコ作品がどれだけ映画館で上映されていると思う? 今、多くの映画人がネットフリックスのような配信プラットフォームと仕事をしている理由のひとつにあるのが、こうした映画を制作することをひとつも恐れないからだ。今後も『ROMA』のような多くの作品が上映の機会を作り出されていくことを願います」

まさにクリエイターが抱えるジレンマを解決するひとつの手段として、ネットフリックスの存在があることを物語っている。業界のジレンマに陥らないようにネットフリックスは『ROMA』の独占配信権を積極的に購入し、アカデミー賞で勝負するタイミングは今だと判断した。影響力のあるキュアロン監督を味方につけ、世論も巻き込んでいく。映画を楽しむ醍醐味はスクリーンにあると監督も発言しているように、劇場公開も尊重しつつ、そもそも『ROMA』のような作品が生まれる機会が失われ、流通が途絶えるような業界のシステムを問題視した。

『ROMA』は、プラットフォームと映画館の共存が許されないままの現状を問う議論にも発展していき、既存のビジネスモデルを守る中で生まれてしまっている業界が抱えるジレンマを明らかにした。リビングのテレビでも手元のスマホでも、視聴デバイスの垣根がなくなる時代に呼応するように、『ROMA』は絶妙なタイミングで議論を投じたのである。

キュアロン監督の考えは世論に支持され、その勢いを逃すまいとネットフリックスはアカデミー賞受賞に向けてかつてない規模の大々的なキャンペーンを行った。アカデミー賞の条件を満たすために『ROMA』の映画上映も行い、先述の通り、監督賞・外国語映画賞・撮影賞の計3部門で受賞した。最重要部門の作品賞は『グリーンブック』、最多部門受賞は『ボヘミアン・ラプソディ』となったが、ネットフリックスは価値のあるオスカー像を手に入れたのだった。

スター監督、俳優が集まるオリジナル映画

ドラマシリーズを世に放った時と同じく、攻め時に攻勢をかけるネットフリックスはオリジナル映画のラインナップをみるみるうちに増やしている。2018年12月に公開されたサンドラ・ブロック主演の映画『バード・ボックス』は、配信開始から7日間でネットフリックス映画史上最も多く視聴された映画作品と報じられた。一発勝負の映画はスター監督、俳優を揃える傾向が強く、マシュー・マコノヒーとアン・ハサウェイが共演する『セレニティー：平穏の海』や、ジェニファー・ロペス主演の『セカンド・アクト』といった出演者の知名度で引っ張る作品群が目立つ。

アメコミファン向けに、マイケル・ベイ監督と『デッドプール』シリーズ製作陣によるアクション大作『6アンダーグラウンド』なども揃え、さらに巨匠マーティン・スコセッシの集大成とも言えるギャング映画『アイリッシュマン』も加わる。ロバート・

デ・ニーロ、アル・パチーノ、ジョー・ペシなど名だたるハリウッドのベテラン勢が出演し、尺は3時間半にもわたる。劇場公開ではないからこそ、自宅でじっくり重厚な物語を楽しむ視聴体験を提供する作品としても評価を得る。コーエン兄弟が製作・監督・脚本を手がけた西部劇アンソロジー『バスターのバラード』も人気作のひとつだ。コロナ禍で再注目されたパンデミック映画『コンテイジョン』の監督、スティーヴン・ソダーバーグはネットフリックス・オリジナル映画に『ハイ・フライング・バード—目指せバスケの頂点—』、『ザ・ランドロマット—パナマ文書流出—』という2作品も作っている。ソダーバーグは一度、興行的な成功を求められ続けることに嫌気がさして、一度監督引退宣言をしているが、それを撤回して参加していることが興味深い。

ネットフリックスであれば劇場数や公開のタイミングに左右されることはない。カテゴリーごとに、いろいろな作品が並ぶことが大きな魅力だ。作品の多様性はクリエイターが作品作りに没頭できるという意味で歓迎されている。また、ユーザーにとってもこれはメリットになる。好みにピッタリのテイストの作品を深掘りできるサービスとしての価値である。作品のバラエティの充実化は、ディズニーやアップルの動画配信サービス参入によって、競争の激化を見越した戦略とも受け取れる。

『ROMA』で念願を果たした翌年のアカデミーでは、前哨戦でスタジオごとのノミネート作品数が注目された。ノミネート数24作品のネットフリックスが最多となり、続いてディズニー23作品、ソニー20作品、ユニバーサル13作品、ワーナー12作品という結果となった。ネットフリックス自身もこれに「文句なし」というコメントを残している。テッド・サランドスがニューヨークタイムズ誌の授賞式前のインタビューで、これまで議論があったネット配信作品に対する排除説をやんわりと否定しながら、「24作品のノミネートを光栄に思っている」と答えていた。受賞レースの結果として、長編映画では現代版『クレイマー、クレイマー』とも言われる映画『マリッジ・ストーリー』のローラ・ダーンが助演女優賞を受賞するにとどまったが、みずからが切り拓いた道をネットフリックスらしく進んでいるという印象を残した。

ネットフリックスがいまやディズニーのように世界有数のスタジオを持つに至っているのは、独自路線を死守したからと言える。本章で、本国でのオリジナル作品の変遷を見てきて筆者が伝えたかったのはそのことである。この独自路線はまったく新しい発想から生まれたものだけではない。エンタメ業界の長い歴史の中でいつの間にか積み上げられてしまった悪しき商慣習を見つめ直したものが多い。独自路線を行くイノベーションはネットフリックスの企業理念が根底にあるものなのだろうか。次章ではネットフリックス関係者やネットフリックス・オリジナル作品に携わった人物からその真相を探っていく。

第4章

米・日プレイヤーの素顔に迫る

ネットフリックス日本ヒットの仕掛け人・坂本和隆氏

第4章では名実ともに動画配信覇者となったネットフリックスとは何者なのかを洗い出していく。ネットフリックスの本質に迫る章となる。その手掛かりはキーパーソンの言葉にある。

そもそもネットフリックスは組織としての素顔をそう簡単には見せない。ネットフリックス共同創業者で会長兼CEOのリード・ヘイスティングス氏がネットフリックスの成功のもととなる企業文化について明かした本『No Rules RULES』（邦題『NO RULES──世界一「自由」な会社、NETFLIX』）を2020年に上梓しているが、公式本としては1997年創業以来これが初。書き下ろしで自ら語ることすら、それまでなかった。

ネットフリックスの秘密主義は徹底している。これまでネットフリックス関係者が居合わせる国内外の業界イベントで筆者が受けた印象は、「余計な話を一切しない」というものだった。とあるイベントでプレス章を見せ、当たり障りのない参加の感想を求めただけでも「記事で使わないで欲しい」と、申し訳なさそうに言われたこともあった。ガードの固さを最も感じるのは、ネットフリックスでシリーズ作品を手掛ける制作者たちに次作の予定を尋ねる時だ。「一切、答えられない」と口を揃えて話す。なかには皮肉交じりに「勝手な判断で教えたら、自宅に雷を落とされるからね」と言われたこともあった。これはイギリス発のネットフリックス人気シリーズ『ブラック・ミラー』の制作陣に尋ねたときのことで、ブリティッシュジョークで交わされたわけだ。

どれだけ番組が観られたかといった視聴データの公開にも慎重である。制作に携わった者にも詳細を明かしていないと聞く。ようやく2020年に入ってからネットフリックス独自の視聴ランキング「今日の総合TOP10」をサービスのトップ画面に表示するようになり、「最も成功した番組」として具体的に視聴された世帯数を発表する案件が増えているが、番組の評価を数字全てに委ねない方針は変わらない。視聴率の獲得を至上命令としてきた既存のメディアと同じ道を辿ることを避けているようにみえる。理由すら公言していないが、この秘密主義である所以は古い体質の映像業界を生き抜き、変えていくための強《したた》かさを貫くために必要な手段であると考えると、合点がいく。

ネットフリックス日本オリジナルの実写作品を統括する坂本和隆氏も、約45分間のインタビュー中、終始慎重な受け答えだった。WIRED（ワイアード）日本版オリジナル記事（2021年1月31日掲載）の取材に応じてくれた時のことだ。一方で物腰柔らかく、そつのない言葉選びからは、本国アメリカのコントロール下で、曲者揃いの日本の映像業界と向き合っていくには適材適所の人物であることが伝わってきた。

坂本氏は現在コンテンツ・アクイジション部門ディレクターという立場にある。2015年9月の東京オフィス開設直後の2016年に入社し、日本オリジナル初期の作品にあたる『テラスハウス』や『深夜食堂』などから担当し始め、現在はバラエティ、ドキュメンタリー、ドラマまでネットフリックス日本で扱われる実写作品の全てを統括している。日本オリジナルの代表作になった『全裸監督』も坂本氏が一から手掛けた作品だ。ネットフリックス日本の全てを語るに申し分のない人物である。

東京オフィスのスタッフがわずか20名ほどの体制からこの5年で120名に増員されたその過程にも、坂本氏は携わってきた。「制作から配信までチームのレイヤーを厚くし、ベースとなる体制を整える必要があった」という。外から見ても体制の構築が進んできたことは明らかだった。青山通り沿いにある東京オフィス（2021年8月、東京オフィスは六本木に移転）にこれまで何度か足を運んでいるが、行く度に対応スタッフの規模が拡大している様子が肌で感じられた。日本のテレビ局からネットフリックスに移籍するケースも見てきたが、逆もまた然りで、ネットフリックスの東京オフィスを去る者もいた。紆余曲折を経ながら、ネットフリックス全体戦略の要であり、東京オフィスの最大のミッションでもあろう非英語圏のローカルコンテンツの強化を目的に、基礎を築いていたのである。その結果として、ヒット作が生まれ、ローンチ（立ち上げ）から5年目に日本での会員数が500万を突破したことを坂本氏は認めていた。

制作環境を根本から整えていく必要があった

ローカルコンテンツ制作に必要な体制は内部に留まる話ではない。企画選定から制作体制、視聴環境に至るまで、それぞれの地域によって外的要因が異なる現実がある。日本の特徴と言えば、そもそも海外で見られることは念頭になく、国内の人気タレントばかりを起用するなど内需志向が強いことに尽きる。ひいては内需によって潤ってきた歴史が長く、クリエイターが何を求めているかを重視するネットフリックスの制作ポリシーとかけ離れた部分が多い。例えば、日本の地上波テレビで作られる連続ドラマの多くは、撮影しながら脚本を書き足していくのが常識だ。

「ネットフリックスは脚本を固めたうえで、検証して、撮影に入っていくのが基本スタイルです。日本はこれができているようで、できていない。作りながら、脚本を書くこともあり、これでは準備がおざなりになってしまう。作品の本数を埋めることに優先順位が置かれているからだと理解しています」と、坂本氏は指摘する。書き足していくスタイルはリアルタイム放送を基本とするメディアでは〝今感〟が反映されるメリットもあるが、作品を棚に並べ、全世界にオンデマンド配信するネットフリックスの作品づくりは計画性を優先しているのである。

日本のテレビや映画業界は、年々制作費が縮小傾向にあり、短期間でヒットの実績を作り出すことが求められている。それによって、ワンクール制や製作委員会体制といった日本特有の業界慣習が根付き、収益を国内だけで回収する発想から抜け出せないまま、コンテンツへの投資を増強できずに質が落ちていく悪循環に陥ってもいる。こうした状況下で業界内のコミュニケーション不足が進んでしまっていることについても坂本氏は苦言を呈した。「制作に関わる全員のやりたいことが一致しているかどうか、疑問に思うところがあります」と語り、日本の映像業界の多くの関係者がそこに問題点があると知りながら、忖度《そんたく》し、悪循環から抜け出せないままの実情に触れた。

その解決方法の全てがネットフリックスにあるとは限らないが、少なくともネットフリックスの制作ポリシーを貫くことで新たな道が切り拓かれることは明白だった。坂本氏が「全世界と競い合うために、制作環境を根本から整えていく必要があった」と話したこの言葉には重みがあった。制作過程においてコンセプトやイメージなど作品の根幹となるクリエイティブの議論に最も時間を割くのがネットフリックスのやり方であり、作品に参加する全員が全体の方向性を理解し、納得した上で脚本を固め、撮影を進めている。この作品は何を目指し、何を訴えるものなのか。本質論を見失わないためにも道理にかなっている。

日本でも個々によってはそもそも論に目を向け、作品に臨むことはもちろんある。だが、コミュニケーションを図りながら、相互理解を深める作業はあいまい文化ゆえに避けてきたとも言える。海外では当たり前に行われている事実を知らされた時にも思ったことだ。カンヌシリーズ（Canneseries）というフランス・カンヌで開かれるドラマの祭典を取材中、注目したイギリスの作品のプレス向けブリーフィングセッションを受けて、衝撃を覚えた。参加したプレス約10名が役者とプロデューサーと共に円卓を囲むスタイルは日本の囲み取材と似たような距離感があるものの、質問と答えの深さがまるで違うものだったからだ。そして、約1時間にわたり作品のテーマである近未来の人間の倫理感について語る役者たちのコメントに、一切のブレはなかった。撮影に臨む前から作品の本質についてを話し合ってきたことに今更ながら気づかされる。

だが、日本人には難しい事だと諦めるには早い。『全裸監督』において「間違いなくそれが実現できた」と坂本氏は言い切った。「主演の山田孝之をはじめ、武総監督、脚本家を含めて全員がキャラクター作りからビジュアル的なアプローチ、ルックデベロップメント（工程）、カメラのトーンまで、作品の世界観を共有するための議論に時間をかけることができました。それらを固めた上で脚本を構築し、撮影に臨んだので、一体感が生まれ、チームの熱量も上がったのです。全員が同じ方向に向かって走っているという感覚が確かにありました」。そう語る坂本氏の表情は実に清々しかった。作品で証明されていることも自信の表れに繋がっている。

この成功体験は思わぬ波及効果も生み出している。聞けば、ネットフリックス・スタンダードへの理解が深まり、クリエイターや役者からのオファー数が増えたという。2020年12月時点で開発中の作品数は30本以上に上っていることがわかった。2021年6月24日に全世界同時配信された『全裸監督』シーズン2などがそこには含まれ、新たな日本発ネットフリックス・オリジナル作品が今後、続々と配信される。

まだ語り切れていないストーリーがあるかどうか

今や世界各地にローカルオフィスを構え、ローカルごとに制作体制を強化しているネットフリックスでは、各地域間でネットフリックスの制作ポリシーを共有していくことも作品づくりには欠かせない作業である。日本を含むネットフリックスのアジア地域では担当者が集まるアジア全体ミーティングが毎週行われているという。各国の状況を探る場であるようにもみえるが、知見のシェアが主な目的にある。場合によっては連携を図るなど、クリエイティブを構築させるために話し合いの場が持たれている。「韓国のクリエイティブ担当とも、互いに連携できることがあればやっていこうと、フランクに議論を行っています」と、坂本氏が教えてくれた。

韓国ドラマの『愛の不時着』が日本で大ヒットし、韓流ブームが世界にも広がり、インドや東南アジアの作品も台頭してくるが、その一方で、日本オリジナルの強みも出すべきだろう。他国と差別化することは必須条件に思えるからだ。だが、坂本氏の答えは違った。「他国と差別化することは考えていない」というのだ。日本担当として唯一意識しているのは「日本でまだ語り切れていないストーリーがあるかどうか」だ。ネットフリックス関係者が公式の場で発言するものと一致する。これこそ、ネットフリックスがグローバルで統一しているクリエイティブポリシーの根幹だと悟った。

ネットフリックス独自の制作環境を整え、新たなストーリーを発信していくことができれば、『全裸監督』に続く世界的なヒット作品が今以上に生まれていく可能性は十分にあるとも言える。その事例は2020年12月に早くも作り出された。全世界配信された日本オリジナルのドラマシリーズ『今際の国のアリス』である。「若者たちが東京・

渋谷から〝今際の国〟に迷い込むという設定そのものに新しさがある」と坂本氏が語った言葉通り、日本の若者文化を象徴する場所を舞台にデスゲームを繰り広げるストーリー展開が受けたのか、世界約40ヵ国・地域で総合TOP10入りを果たし、「日本発の実写オリジナルの中で過去最大のヒットを記録」とネットフリックスから発表された。

だが、グローバル展開の経験値が低い日本にとって、世界ヒットへの道はまだ助走期間にあるとみている。「アジアで着実に大ヒットし、プラスアルファで全世界ヒットに繋がる作品を生み出していきたい」と、坂本氏も慎重に答えていた。石橋を叩いて渡っていくのは日本的なスタイルそのもの。積み重ねた先には必ずや可能性が広がっていくことを期待したい。全世界に一挙配信できるネットフリックスのエコシステムを活かさないのは勿体ないのである。

「5、10年後にはハリウッドをはじめ海外から声がかかる時代はやってくるはず。そのために、世界に打って出る作品を用意していきたい。作品一本で世の中は変わると、信じてやっています」。最後に心強い言葉も聞くことができた。ネットフリックスの方針に沿いながら、日本の映像業界を変えていく役割を担う人物の素の言葉であり、野望とも受け取れた。

国境を越えて支持される条件とは

坂本氏が『全裸監督』に纏わるこんなエピソードも教えてくれた。全世界同時配信直後、アメリカのとあるバーで客から作品関係者が「日本人だったら、『全裸監督』を見た方がいい。スピード感もスケール感もある作品だから」と話しかけられたことがあったという。その声をかけられた人物とは『全裸監督』の総監督を務めた武正晴監督である。手掛けた作品の成功を肌で感じた瞬間だっただろう。こみ上げてくる喜びは坂本氏にも伝わった。

『全裸監督』は日本におけるネットフリックスの会員数を伸ばすきっかけを作り、日本オリジナル作品の評価も高め、流れを変えた一本であることに間違いない。武監督とはこれまで２度ほどお会いする機会があった。初めにお会いしたのは２０１９年８月のシーズン１配信直前の時だった。合同インタビューの後、個別インタビューの時間も設けてもらったが、それでもまだ話を聞き続けたくなったのは、「ネットフリックスは日本の作品づくりを変えるものになる」という言葉の裏に危機感を感じ取ったからだ。粘る筆者をあしらうどころか、どの質問にも真摯に答えてくれ、「そのまま読者に伝えてほしい」と言われたことをいま一度振り返る。そして、再びお会いする機会が２０２１年6月に公開されたシーズン２の配信直前に作られ、シーズン１とシーズ２の全16話で完結した『全裸監督』が日本発ネットフリックス・オリジナルの代表作にいかにしてなり得たのか、その理由を探った。

成功した理由のひとつは「アンダードッグの物語」として仕上げられたことにある。ともすれば、ＡＶの作品として見られがちだが、ＡＶはあくまでも題材のひとつに過ぎないことが強調された。「日本ではＡＶをテーマにしているという理由だけでマーケティングを若い男性だけに絞ります。どの辺りの客層がどれぐらいの規模で（劇場）に入るのか。それが見えないと今は企画すら成立しません。でも、そんなせせこましい考え方では小さい金しか生まない。日本の作品づくりは霞がかかり始めてしまっていますよ。アンダードッグの登場人物たちがどうなっていくのか。こいつらだって何かあるかもしれない。と、興味を沸かせればいいのです。本編にはヤクザ役も登場しますが、それも作品を作り上げるために必要なキャラクターだから。世の中はいろいろな立場にいる人で構成されていることを俯瞰し、しっかりそれらを拾ってキャラクターにしていくことを日本の作品も求めるべきだと思います」。クリエイティブに限界を決めないからこそ、これまで日本で成立しにくかったテーマであっても新たなストーリーとして創出できることを言い表している。「世界190ヵ国に向けて作るネットフリックス作品はクリエイターの意識も変えてくれる。登場人物のような生き方や考え方をしたいと思ってもらえる仕事こそ、我々がするべき仕事です」と、そんな気づきに繋がったことも明かしてくれた。

シーズン2の制作を終え、さらにその気持ちは確固たる想いに変わっているように見えた。「〝全裸監督〟は決して特別な人間ではないんです。野心を持つ人ほど、頑張っても堕ちていく場合があります。あなたも身に覚えがない？　あなたの両親はそうじゃなかった？　家族や隣に住んでいる人もそうじゃない？　そう問いかけることができる人間ドラマを作っています」と断言した言葉から感じたことだ。そんな信念のもと、運にも周りの仲間からも見放される村西とおるがとことん追い込まれていく姿をシーズン2

Netflixシリーズ『全裸監督』シーズン2

の最大の見せ場にしている。口八丁手八丁で高みを目指す村西が最も恐怖におびえる瞬間を作り出すことこそ、武監督がこだわった点だった。村西を演じた山田孝之はその時、撮影現場で「孤立を感じた」と話していたそうだ。実際に劇中で村西が絶望感に苛まれた場面には生々しさがあった。「頂点に立った村西がどーんと堕ちていく話はバブルが崩壊する日本の姿でもある」と武監督は説明する。『全裸監督』で描いた村西とおる像は時代が作った日本人の姿でもあるのだ。だからこそ、海外の視聴者にも現代史の一端として伝わるものがあったのではないかと思う。

時代の空気感を伝えることに徹底的に拘っていることからそれを裏付けることができる。シーズン1は80年代を中心に、昭和の時代が終わったちょうど80代の最後の年である1989年までの話を描いている。新宿歌舞伎町の一部を丸々再現した巨大なセットも作られ、熱気さえも伝わり、日本の80年代を見つめ直すことができる作品に仕上げている。ちょうどその頃、アダルトビデオ店でバイトをしていた武監督は当時を思い出しながら、80年代に特別な想いがあることを語っていたことも印象深かった。「80年代は身を滅ぼした人がたくさんいた愚かな時代でもあります。ディスコで踊りまくり、札束でなんとかなるといった時代。そんな日本の未熟期を振り返ることで、今、これから先はどうしたらいいのかということも考えさせてくれるはず。その当時を知る人は反省もするだろうし、若い人はもしかしたら憧れるかもしれない。でも、今、苦しい時代を迎えているのは、バカなことをやっていたから。今の若者たちが酷いことになっている背景を、日本に限らずどの国もここぞとばかりに描いています」。

ネットフリックスのヒット作には記憶に新しい80年代を描く作品は確かに多い。80年代のカルチャーをオマージュしたものから、武監督が言うような現代社会の問題の起点として扱うものもある。ネットフリックス・オリジナルシリーズでは『ストレンジャー・シングス　未知の世界』が80年代を舞台にした代表作にあり、このほか第5章で詳述するイギリス女王・エリザベス2世の半生を描く『ザ・クラウン』のシーズン4はチャールズ皇太子とダイアナ妃の結婚当時の80年代を舞台にしている。また往年のヒット青春映画『ベスト・キッド』（1984年）の30年後の世界を描いたリブート（オリジナルをもとに、新たな視点で作り直す作品を指す）版『コブラ会』も80年代当時の映像を交えながら現代と過去を交差させている。非英語圏シリーズでも80年代ものは人気が高い。コロンビアを舞台に麻薬戦争を描いた『ナルコス』をはじめ、オランダからは80年代後半に人気に火がついたテレフォンセックスをテーマにした新シリーズ『Dirty Lines』が2020年6月に制作発表された。世相を切り取ることのよって深みを持たせる作品が並ぶ。

一方、『全裸監督』のシーズン2はというと、バブルが崩壊する1990年代に突入し、91年から94年にかけた数年間の話を描いている。「日本がますます苦しくなっていく前触れの期間は（シーズン1とは）違う表現が求められた」という。その違いを表現する根底には実体験がやはり活かされていた。そのころ20代だった武の目には、大人たちは「おかしげ」に映る瞬間があったという。なぜなら、世の中の変化に気づいていないように見えていたからだ。「当時、わたしは学生から社会人になったばかりで、必死に働く毎日。かつて大人たちが調子に乗っていたように調子に乗りたくても、世の中はすでにメタメタで、傾き始めていました」。ネットフリックスは作品に息を吹き込むために、作り手たちのこうした視点を重視していることがわかる話でもある。

すべての大きな違いは予算

『全裸監督』を通じてネットフリックス・オリジナル作品に携わったことで、武監督は日本の映像業界の未来に危機感を抱いてもいた。それはどういうことかというと、コンテンツ制作の現場が深刻な人材不足に直面しているということである。「いまは日本の映像業界そのものに魅力を感じてもらっていない。だから若い人がこの業界に入ってこなくなっています。期待されていないからでしょうね。配信の時代がこれからというタイミングで、10～20年後につくり手がいなくなってしまっては元も子もない。歯止めをかけないと、才能が枯渇していく状況に陥る可能性さえあります」。かねてより言われてきたことだが、ネットフリックスと仕事をしたことで、より一層実感した様子だった。

当たり前だったことが当たり前でなくなっている現実があることがそう思わせていた。

「脚本からセット作りに至るまで、あらゆる作業に手間と時間をかけることができました。作品をプランニングする段階からしっかり予算が組まれています。30年くらい前は日本の映画づくりも、それが〝普通〟でした。ところが、ここ20年くらいは予算的に厳しい状況が続き、『普通じゃない』と感じることも多くなってきた。だから、久しぶりに〝普通〟に仕事ができた。ストレスなくできたというのが、いちばんの感想です。今の日本の映像業界はお金をかけないことに走り過ぎてしまい、情けないことにネットフリックスのやり方が特別なことだと感じてしまったほどです」と話していたわけだが、なんとも皮肉な話である。ネットフリックス・オリジナルシリーズといえば、ドラマ1話あたり数億円以上の予算を投じ、ハリウッド映画1本並みの予算がかけられたクオリティの高さが売りのひとつでもある。『全裸監督』は1話あたり5000万円ほどと言われており、NHKの大河ドラマ並みの予算規模である。欧米や韓国の超大作と比較すると、驚くほどの制作費ではないが、大掛かりな歴史ものでもない。武監督が「予算でしょうね。すべての大きな違いは」と話していたことからも、ヒューマンドラマとしては十分な制作費を掛けられていたことがわかる。

また不測の事態にも対応できる制作費が担保されていたことも予測できる。シーズン2の撮影中の2020年3月の時期は、世界中がロックダウンに見舞われた。これが影響して、万全な予防対策体制を構築するまで、撮影中断に追い込まれる事態が起こっていたが、ネットフリックスが世界に向けて打ち出した対策ガイドラインを指標にしつつ、日本独自のガイドラインを決めたことで、撮影が再開された経緯があった。撮影期間が延びる分、通常、制作費は嵩む。予算を確保できなかったことで、撮影中止になってしまった作品が少なからずあるなかで、続行できる体力があることもネットフリックスの強みと言えるのだ。

では、武監督が指摘した「ストレスを感じる日本の作品づくり」の実態とはいったい何なのか。尋ねると「日本の場合は、『○○をやめてください』『○○をしないでください』『○○はお金がかかるからできない』の発想で作る傾向が強い。こういった環境が、楽しく作品を作ることを忘れさせてしまっています。要は毒されているんですよね」と、答えが返ってきた。つまり、コンテンツづくりに当たり前の「手間と暇をかける」ことを、合理的に省いてしまったというのだ。コンテンツ制作においては、シナリオづくりから撮影、ポスプロ作業（ポストプロダクション。撮影終了後の編集などのすべての作業）、宣伝といった一つひとつの工程に予算をかけていく必要がある。それらを省いてしまうと、「作品のクオリティに影響し、作り手も育たない」という悪循環に陥りかねない。

「日本では、お金をかけずに作品を作り出す方法論を見つけてしまったとも言えます。やろうと思ったら、クオリティの低いものでも（観客に）届けることができる。でも、そんな作品でお客からお金をとろうとする発想は、詐欺商法に近いですよ」。大袈裟でも何でもない現実を直視した言葉であることが伝わってきた。〝忖度〟を毛嫌いするYｏｕＴｕｂｅ世代から見透かされていることでもある。テレビや映画業界にはびこる問題点を理解していることもネットフリックスが見せる素顔のひとつ。それが武監督の語る言葉から感じたことだった。

唯一のアニメチームを率いる櫻井大樹氏

ネットフリックスの素顔を知るのに欠かせないキーマンがネットフリックス日本のアニメのチームにもいる。その人物とはアニメ専門クリエイティブチームのトップであるチーフプロデューサーの櫻井大樹氏である。坂本氏と同様WIRED（ワイアード）日本版オリジナル記事（2020年12月27日掲載）の取材に応じてくれた時のことだった。櫻井氏の言葉からは、日本が世界のアニメ産業を背負っているという自負がうかがえた。

ネットフリックスが日本に最も期待しているのはアニメでもあることは、第2章で触れた通りで、2014年の仏カンヌ「MIPCOM」に登壇した際の現共同CEO（当時はコンテンツ総監督）のテッド・サランドス氏の発言がそれを裏付けることのひとつになる。そもそも、日本のアニメは日本の映像コンテンツの中で最も海外展開に成功しているジャンルでもあることも大きい。日本のアニメの海外市場規模は2019年は2兆5112億円（アニメ産業レポート2020／日本動画協会調べ）に上る。いわゆるクールジャパンにアニメ推しがあるように、やっぱり日本はアニメなのである。海外展開の歴史も古く、1963年から続く仏カンヌの映像見本市MIPTVで初めて取引された日本のコンテンツは手塚治虫のアニメ作品だったとか。取引記録が残っているわけではないが、40年以上参加している日本のディストリビューターからそう聞いたことがある。そして何よりも、ネットフリックス全体の組織体制からみても期待されていることは明らかなのである。世界各地に拠点があるネットフリックスだが、アニメーションを扱うチームはロサンジェルスを拠点にしたアダルトアニメーションとファミリー向けアニメーションの部門、そして東京を拠点にしたアニメの3つだけ。いわゆるアメリカで「カートゥーン」と呼ばれるアニメ以外は、すべて東京に集約されている。東京オフィスがなぜアニメの全てを担っているのか。理由を聞けば、さらに納得する。「日本はクリエイティブの層が厚いんです。国内だけで脚本から絵コンテ、演出、作画、撮影、CGまで、制作過程のすべてをトータルでまかなえる唯一の国なんです」。そう説明してくれたのが櫻井氏だった。

櫻井氏がネットフリックスに入社したのは、東京オフィスが2015年に立ち上がってから1年半後のこと。櫻井氏の入社と共にアニメ専門クリエイティブチームが発足している。それまでは坂本氏がアニメも含めて統括していたが、ネットフリックス本国はアニメ業界に精通する人物を欲していたに違いない。アニメチームは当初櫻井氏ひとりだけだった。まるで櫻井氏の入社のタイミングを待っていたかのように、櫻井氏の入社と共にアニメ専門クリエイティブチームが発足した。2020年現在、アニメ専門クリエイティブチームは11人に増え、櫻井の古巣でもあるプロダクションI・Gをはじめ業務提携先も拡大している。とはいえ、まだ大規模編成の組織とは言えない。東京のアニメチームに課せられている役割は大きい。「毎日のように世界中のアニメ関係者から連絡が入るんです」と、櫻井氏が話していた。

忙しさは日々増している様子だった。それもそのはず。約2億人近くいる全世界のネットフリックスユーザーのうち、約半分の1億以上がアニメ作品を再生するようになっている。ハリウッド発の世界ヒットドラマと並んで、漫画原作の『バキ』などネットフリックス日本発アニメ作品が各国で総合トップ10入りし、勢いを増している。「アニメとはニッチなコンテンツ」だという概念を覆す数字だ。「これはアニメのメジャー化を宣言できるものになる」と、はっきりとした口調で櫻井氏も認めた。

アジアでは台湾やタイ、欧州ではフランスとイタリア、ラテンアメリカではペルーとチリをはじめ、100の国や地域で日本のアニメ作品が上位を占めるなど人気ぶりが顕著だ。約500万人のネットフリックス有料会員がいる日本では、会員の約2分の1がアニメ作品を1ヵ月に5時間以上再生する。日本発のネットフリックスアニメは201

7年に『BLAME!(ブラム)』を発表して以降、作品数もジャンルのバラエティも徐々に広がっている。これが再生数を増やしているひとつの理由にある。

櫻井氏はこの好調ぶりをこのように解説した。「これまではアクション、SF、ファンタジーにジャンルが偏っていたことは事実です。それがいま変化しつつあるのは、『斉木楠雄のΨ難《さいなん》Ψ始動編』(2019)が日本だけでなく海外でも大ヒットするなど、日常を舞台にしたコメディ作品も結果を出していることが大きいと思います」。何がどう変化したのか。そんな疑問をなげると、アニメを「寿司」に譬《たと》えて説明した。「わたしが幼少期を過ごしたロンドンに、当時は寿司屋が1軒もありませんでした。そんなものは『まずいに決まっている』と思われていたからです。ところが、カルフォルニアロールによって世界的に寿司が認知され、裾野が広がった。ですから、世界のお客さんも同時に満足させるカルフォルニアロールのようなタイトルも揃える必要があります。伝統的な江戸前も出すし、カルフォルニアロールも出す。これによって、いまアニメが一般的な〝食べもの〟になっているのです」。海外育ちの櫻井氏らしい独特な視点での譬《たと》えだったが、腑に落ちた。とかく日本の中だけの視点ではビジネスチャンスを見落としがちだからだ。

カルフォルニアロールのような作品にあるのが『悪魔城ドラキュラーキャッスルヴァニアー』や『ゼウスの血』だという。日本のアニメファンからは「これってアニメなんだろうか？」と思われている節もあるが、世界的には受けている。

日本のアニメクリエイターの意識が変化した

アニメのメジャー化によって、変化しているものがある。海外から聞こえてくる声以上に、日本のクリエイターの意識そのものに大きな変化を感じているというのだ。「どんな作品がいま世界で観られているのか？　世界に向けてどういう作品をつくるべきか？　そんな質問を投げかけてもらえることに驚きました。これまでそんな会話はありませんでしたから。海外に自分の名前を残したいという意識も高まっています」。

この意識の変化が起きている背景には、ネットフリックスで配信されることによって、ひとっ飛びで世界の視聴者に届けられる環境がつくられたことが大きい。日本でのテレビ放送実績を経て、海外に売り込み、契約を取り付け、放送されるという数年に及ぶプロセスが省かれた。世界展開の距離が縮まったのだ。これによって必ずしも日本市場での成功がマストの条件にならなくなった。2020年に制作発表された人気漫画家ヤマザキマリ原作の『テルマエ・ロマエ ノヴァエ』も、その一例にある。原作にはないネットフリックス書下ろしのエピソードが実現できたのは「日本で漫画化するプロセスを踏む必要がないからです」と、櫻井氏は説明する。「極端な話、主人公を必ず日本人にする必要性はないのです。テルマエは数少ない例だと思いますが、これまでクリエイターが描きたいことを描くチャンスがつくられていなかったのではないでしょうか」。つまり、クリエイターが描きたいものを優先して、追求していく。クリエイティブの自由度を上げたことによって、そう簡単には変わりそうにもなかった意識の変化が生まれているのだ。

ようやく日本のクリエイターにとって最善の制作環境が整いつつあると言い切りたいところだが、他国のクリエイティブ技術は目まぐるしく向上しているという事実もある。韓国、中国、ロシア辺りの成長が特に著しい。世界のコンテンツ流通市場で取引されている新作アニメを目にするたびに、脅威を感じる。櫻井氏も、この点に同意した。「日本のアニメに対する信仰そのものが根強く、〝本家本元〟としてのブランドに頼りがちなところがあります。手離しでほめたい気持ちもありますが、技術は確実に世界に伝播されています。正直なところ、作品によっては台湾のスタジオでつくったほうがいいのではないかと思うときもあります」と櫻井氏は語り、板挟みのような心の内を明かす。

「なるべくお世話になってきた日本のスタジオと条件の高い作品を一緒につくりたいと思いますが、日本のスタジオも変わっていかなければなりません」。

直面している悩みは、まだ他にもある。需要に供給が追いついていないのだ。人材不足がその要因のひとつ。なかでも若手の人材が集まりにくいことに櫻井氏は危機感を持ち、解決策を探っていることを明かした。「いま、10代のクリエイター予備軍はアニメ業界に対して不安に思っているようにみえます。ゲーム業界のほうが魅力的に映っているのかもしれません。アニメにもゲームにもいつでも移ることができるような流動性がある人材に育てていけば、クリエイターの安心感につながっていくと思っています」。

アニメ業界に携わるものから将来を心配する声はよく聞かれる。第2章でも挙げた仏アニメーションアカデミーのゴブラン校との提携は、将来を見据えた具体的な取り組みの第一歩である。1年間の期間限定でゴブランの卒業生がネットフリックスの東京オフィスに籍を置き、日本のアニメ業界を学ぶ場を設けるシステムが、2019年から始められている。新たに日本に住むクリエイター予備軍が逆に海外で学ぶ場を提供することも検討し始めている。だが、ここにも乗り越えるべき壁があった。「日本の大学や専門学校など実際に訪れて声をかけましたが、『英語が話せないからあきらめる』としり込みしがちなんです。歯がゆく感じます」と、櫻井の悩みは尽きない様子だった。

だからこそ、この状況を突破するカギは、世界的にどれだけアニメのメジャー化が浸透していくかにかかっている。その先に意識の変化が広がっていくことも十分にありうる。カリフォルニアロールのヒットによって、日本食がメジャー化し、日本のラーメン職人が自ら海外に打って出ることが増えているように、国境を越えていくクリエイターが今以上に増えていく可能性は十分にある。日本のアニメが優位に立っているうちにやるべきことがあり、櫻井氏の目にはそのリストが明確に映っているかのようで、余計にそう思えた。同時に意地を貫くネットフリックスの顔も見えてきた。

カギを握る最高コンテンツ責任者テッド・サランドス氏

この章で最後に深掘りする人物は、ネットフリックスの共同ＣＥＯに上り詰め、全世界の製作総責任者を務めるテッド・サランドス氏である。ネットフリックスを語る上で、欠かせないキーパーソンだ。コンテンツに投資し、世界中のユーザーに直接届ける事業モデルを先陣を切って確立したネットフリックスはコンテンツありきの企業である。その根幹となるコンテンツに年間１７０億ドル（約1兆８５３０億円）もの予算をかけ、管理する責任者はどんな人物で、何を語ってきたのか。先に述べたように、２０１４年のフランス・カンヌ現地でサランドス氏のキーノートを目の当たりにして以来、その言動に注目させられることが多々あった。

サランドス氏のビジネスセンスは10代の頃から磨かれていたようである。学費を稼ぐために働いていた地元フェニックス（アリゾナ州）にオープンしたばかりのビデオ店では「一日中映画やテレビを見て、顧客それぞれの異なる好みも聞いて、どの作品をどんな顧客に推薦する価値があるのか」と、考えて行動していた。

ネットフリックスに入社したのは、２０００年。はじめはＤＶＤバイヤーとしてキャリアをスタートし、年間約３５００万ドルの報酬を得るまでに飛躍する転機を35歳で迎えた。創業者で会長兼ＣＥＯを務めるリード・ヘイスティング氏から直接誘われたのだが、二つ返事でネットフリックスに加わったわけではない。その頃はまだネットフリックスが描く事業モデルはＤＶＤのメール便ビジネスを推進するもので、懐疑的だったことを後に明かしている。

サランドス氏の目利きの鋭さがネットフリックスで世界の顧客に向けて発揮されるまで、そう時間はかからなかった。加えてハリウッドをはじめ、世界の映像業界を渡り歩くために必須の口説き上手で、勉強熱心、そして業界のパーティーに必ず顔を出すフットワークの良さの３つが揃った性格も相まった。

第2、３章で触れた通り、『ハウス・オブ・カード』や『オレンジ・イズ・ニュー・ブラック』などネットフリックス・オリジナルシリーズを初期の段階から確固たる地位に導いていったのはまさにサランドス氏の手腕によるもの。テレビや映画業界全体を凌駕するチームを率いて、ドラマだけではなく、リアリティショー、ドキュメンタリー、スタンダップコメディ（コメディアンが観客の前で演じるコメディ）に至るまで、近年はアカデミー賞受賞作の『ＲＯＭＡ／ローマ』や『マリッジ・ストーリー』などネットフリックス・オリジナル映画にも力を入れ、何百もの多言語のコンテンツに投資してきた。「時代が求めるコンテンツをユーザーに届ける」というシンプルかつ強い信念を持ち続けるサランドス氏。異端児として在り続けることに誇りを持っているかのような印象も変わらないように見える。

２０１４年に仏カンヌで語ったサランドス氏の本音

世界のコンテンツ市場で影響力を持つ大物から、制作現場や番組売買の一線にいるその道のプロフェッショナルまで、１万人が一堂に会するフランス・カンヌの世界最大級の見本市ＭＩＰＣＯＭの会場「パレ・デ・フェスティバル」にサランドス氏の姿があった。２０１４年10月の時のことだ。パレの建物の中で最も広大なスペースで、カンヌ映画祭の授賞式が行われるルミエール大劇場に駆け付けると、２０００以上着席できる席が既にいっぱいになっていた。慌てて席を見つけて、サランドス氏の基調講演が始まるのを今か今かと待っていた。

サランドス氏のインタビューの相手はフランス・テレビジョンのメディア担当ディレクター、エリック・シェラー氏。ＭＩＰＣＯＭの基調講演は登壇者がカウチソファに座って、インタビュアーの質問にリラックスしながら答えるスタイルが多い。サランドス氏もそうだった。業界人の仲間相手に本音トークが聞ける。そんな期待を寄せながら、サランドス氏の言葉に耳を傾けた。

「ストーリーテリングの黄金時代に入っていると思います。テレビの前で見たい時に見たいコンテンツを手に入れる。そんな視聴者が確かにいます」。揺るぎない自信と誇りを持ちながら、そう話し始めたサランドス氏だったが、まだその時は業界にとってネットフリックスが脅威的な存在であるのか、安心安全なパートナーになるのかわからなかった時。会場に集まった業界人は皆、用心深く聞き入っている様子だった。そんなこともわかっていたのか、あくまでも新参者として謙虚な気持ちでシェラー氏の質問に答えていることも伝わってきた。当時、オリジナルシリーズの『オレンジ・イズ・ニュー・ブラック』がフランスとドイツで反響があったことがいかに嬉しかったか、フランス現地語オリジナルシリーズの『マルセイユ』の製作計画をいかに前向きに取り組んでいるのかといった、ヨーロッパの視聴者とクリエイターの両面に向けての意識した発言で、友好的な姿勢を示し続けていた。

そんな流れから一転、カウチソファの効果が表れたのはトーク後半だった。オリジナル映画にも力を入れていく意向を述べた時。サランドス氏は「私たちはこの分野でもっと積極的に活動していきたいと思っています。アメリカだけでなく、世界中の映画の現在の配信モデルは、私たちが提供しようとしているオンデマンド世代に比べれば、かなり時代遅れのものです。ネットフリックスの視聴の約3分の1は映画です。でも、私たちにとっては映画もひとつのコンテンツです。『ハウス・オブ・カード』は13時間の映画でも26時間の映画でもあるのです」。潜在的な市場を捉える力があるサランドス氏らしい発言だった。

またアメリカきってのコメディエンヌであるチェルシー・ハンドラーと契約を含む話に移った時には、テレビの視聴習慣の変化を指摘していた。「アメリカの深夜テレビのほとんどは、深夜に視聴されることはほとんどありません。視聴者はタイムシフト（生放送終了後でも、タイムシフト公開期間であれば番組を視聴できる機能）で番組を視聴している。これが事実です」。コンテンツによってはリアルタイム視聴よりもタイムシフト視聴で結果を残すことは決して珍しくない。日本でもリアルタイムでは数パーセントの視聴率の番組がオンデマンドで再生数を伸ばし、番組の価値が改めて見直される事例は多い。そんなコンテンツの活かし方にもサランドス氏は当時から目を付けていたわけである。タイムテーブルに番組を並べるテレビ放送のビジネスモデルが常態化し、新エピソードが週に1回だけ更新されることにも疑問を呈した。「1回の放送に1エピソードを放送することは近いうちに過去のものになると思います。ネットワークにとっても、デジタル戦略を展開していくなかで、ある時点で、一度に視聴することが日常的なものになることも驚く話ではありません」。視聴者の「なぜ、続きを直ぐに見ることができないのか」という不満とも言える疑問をすくい上げて、成功させたネットフリックスのビンジウォッチング（一気見）スタイルが必ずや定着していくことが、サランドス氏には見えていたようだ。会場の参加者からは「未来を見ているようだ」とそんな声も聞こえてきた。それが現実になっている。

共同CEO就任後の年に再び登壇したサランドス氏

サランドス氏が再びカンヌのMIPCOMに現れたのは2020年の10月だった。だが、この年はコロナ禍で世界中の見本市がオンライン上での開催に切り替わり、MIPCOMもご多分に漏れず、オンラインで開催された。サランドス氏はアメリカ本国のネットフリックスオフィスから、筆者は日本の深夜1時30分にパソコンの前に座って、画面に登場するサランドス氏を待ち構えた。

この年の7月16日、ネットフリックスの決算発表時に、サランドス氏は共同CEOに指名された。20年前に入社したサランドス氏が現CEOのヘイスティングス氏と並ぶ共同CEOに昇進し、最高コンテンツ責任者の職務も継続されることが発表された。いわゆるコロナ特需でネットフリックスは新規加入者数が前年同期の270万から1000万に増加し、世界会員2億突破目前に迫るタイミングだった。なお、2020年末にネットフリックスは会員数2億を突破している。ネットフリックスのこの圧倒的な成長過程の重要なマイルストーンとして、サランドス氏の昇進のニュースが報じられた。ビデオストアのマネージャーから世界の映像コンテンツ市場を牛耳る企業のトップに上り詰めたサクセスストーリーに少なくとも業界内では拍手が送られた。「テレビ界で最も注目すべき個人的な変革の物語のひとつだ」と報じていたイギリスの業界誌もあった。サランドス氏は昇進時の発表文の中で、「優れたエンターテインメントのファンであること」と「家族の影響力」の2つが最高ポジションに導いた理由にあると伝えている。「私の人生でテクノロジーをいち早く取り入れたのは、母でした。私たち家族は一般的に苦労していましたが、電話やガスが切れても、母はケーブルテレビと小さな皿でHBOを見ることにこだわっていました」。サランドス氏の原体験は誰もがテレビに触れるきっかけでもある家庭に実はあったのだ。サランドス氏は「興奮し、光栄に思っている」と付け加え、「ネットフリックスの共同CEOになるまでの私の道のりは、素晴らしいエンターテインメントのファンとして歩んできました。そして、これが今後のネットフリックス会員の皆様への私のコミットメントであり、ストーリーを愛する人々のために、消費者第一主義の企業が実現できることの限界を押し広げ続けることです」と、改めて固い信念を誓う言葉があった。

テレビの伝統を重んじている

そんなタイミングの年に、サランドス氏は再びカンヌＭＩＰＣＯＭの基調講演に戻ってきたのである。業界の奨励者に授与される「ヴァラエティ・ヴァンガード賞」も受賞し、ヴァラエティ誌のビジネス・エディターであるシンシア・リトルトン氏とのインタビュー形式で会話が進められた。

前半は、現在のネットフリックスの成長のカギを握るローカル語コンテンツ制作の話題に終始した。各国での視聴状況を語るなか、日本にも触れ、「巨大メディア市場である日本では多くの日本人は日本人が好むコンテンツを視聴しています。日本向けのコンテンツを用意する必要がありますが、『ストレンジャー・シングス』のようなグローバルで人気のある作品も見られています。そして、ローカルコンテンツがグローバル化するケースも作り出しているのです」と、まさにサランドス氏が当初から描いていたコンテンツ流通の新たな流れが起こり始めていることを、まるで我が子のことを語るように嬉しそうに話していた。

一方、以前のような未来を語る姿はなかったが、「コンテンツを楽しむ視聴者はどこにいるのか？」と常に問い掛け続けているサランドス氏の変わらない姿勢を語る言葉が多かった。ネットフリックスにとって最も重要な視聴反響の測定基準を問われた時もそうだった。「ネットフリックスはテレビの伝統を重んじています。重要なのは視聴者であることに違いありません。強いて言えば、最初に登録した24時間で何を見ているかということ。これは、どの番組をきっかけにネットフリックスに登録しているのかがわかるシグナルになります。その番組は他の番組よりも価値があるということなのです」。サランドス氏が持つテレビに対する概念がわかるものだ。

２０１４年の時と大きな違いと言えば、サランドス氏の寂しさを感じた場面があったことだ。「ネットフリックスが小規模だった頃はオリジナルシリーズの数が少なかったため、すべてのコンテンツを見てきました。でも、今それは不可能です。私が何も見ていないままネットフリックスに入ってくる番組も珍しくありません。それは言い換えれば、コンテンツの各分野や国に素晴らしいチームがいて、素晴らしいオリジナルコンテンツを制作しているからでもあります。彼らから力を与えられています」。２億人の会員を抱え、共同ＣＥＯとなった今、現場から離れてしまうのは仕方のないこと。だが、ちょうどその頃、ネットフリックスで配信が始まったばかりのリリー・コリンズ主演オリジナルシリーズ『エミリー、パリへ行く』のヒットに自信があることを語っていた時の軽やかな口振りとは明らかに違っていた。

ネットフリックスが追う立場から追われる立場に変わった今でも、変革を何か起こそうとしていることも感じた。ネットフリックスの競争相手を問われると、「私たちが競い合っているのは、人々がスクリーンで過ごす時間です。それは、従来のテレビや様々な定額制サービス、そしてＹｏｕＴｕｂｅのようなものです。多くの国では、テレビの視聴はＹｏｕＴｕｂｅに支配されていますから」と淡々と答えたが、企みがあるはずだ。気概を感じる言葉は最後まで続いた。「長年にわたって、ヘイスティングスと共に仕事をし、これまで本当にドラマチックな変化を体験してきました。ネットフリックスがまた次のレベルに向かうことが楽しみで仕方ありません」。結局、基調講演は予定時間の30分間からプラス約10分超過された。ＭＩＰＣＯＭオンラインセッションの中で最も視聴されたものになり、サランドス氏の言葉の一言一句を聞き逃さなかった業界人は多かったに違いない。

キーパーソンたちの言葉から、ネットフリックスは恐れ知らずのパイオニアから、今や映像コンテンツ業界をリードする存在であることが十分に伝わったのではないかと思う。それゆえ、頂点に達したネットフリックスが次に目指すものは一体何か。そんな疑問が生まれてくる。最終章となる次章はネットフリックスのネクストプランを探っていく。

第5章

映像コンテンツ革命児のネクストプラン

『Lupin／ルパン』を生むフランスのケース

これまでネットフリックスが動画配信の覇者へと上り詰めていった理由について、ヒットコンテンツの変遷とその制作背景から紐解いてきた。異端児と言われるだけあり、ネットフリックスは企業そのものが独自の思想を持ちながら、業界の常識を打ち破り続けている。今後もそのスタンスが変わることはないだろうか。その答えを探るべく、最終章の第5章ではコンテンツ戦略の観点からネットフリックスの将来の姿を見据える。さらにはネットフリックスのネクストプランが日本のエンタメ業界に与える影響についても考えていきたい。

ネットフリックスのネクストプランは「ローカル発ヒット」を世界レベルで広げていく流れを加速していくことが第一にある。ローカル人材がローカル言語で語る、ローカルならではのストーリーを開発する「ハイパーローカル戦略」にネットフリックスが今最も力を注いでいることは、第1章で触れた通りである。ネットフリックスは最大のライバルであるアマゾン・プライム・ビデオと比べ、非英語圏のローカル言語の外国語オリジナルコンテンツを約3倍も提供している。しかも世界でヒットする作品を既に生み出している。例えば、コロンビアの麻薬王、パブロ・エスコバルの半生を描く犯罪ドラマ『ナルコス』はネットフリックス外国語オリジナルシリーズ初の成功例であり、ドイツ初のネットフリックス・オリジナル『ダーク』は視聴者の90%以上が制作国であるドイツ以外の地域で占めたと言われている。2020年になると、外国語シリーズ豊作の年を早くも迎える。スペインの犯罪アクションドラマ『ペーパー・ハウス』シーズン4（パート4）は92ヵ国・地域でトップ10に入り、韓国のゾンビ映画『#生きている』は90ヵ国・地域で、ノルウェーのファンタジードラマ『ラグナロク』は89ヵ国・地域でトップ10に入った。

そして、2021年1月に配信されたドラマから、外国語ドラマ最大ヒット記録が生まれた。その作品のタイトルは『Lupin／ルパン』である。日本人にも馴染みのある「怪盗紳士アルセーヌ・ルパン」からインスパイアされて作られたフランス発のドラマシリーズが成功したのである。1月8日からネットフリックスで全世界配信開始後、28日間に7000万世帯で再生され、フランスをはじめブラジル、アルゼンチン、ドイツ、イタリア、スペイン、ポーランド、ベトナムなど世界数10ヵ国・地域で「TOP10（総合）」の1位を獲得。世界で最もネットフリックス会員の多いアメリカでも2位をマークした。アメリカの辛口映画レビューサイトで知られる「Rotten Tomatoes（ロッテン・トマト）」では、プロの批評家によって、シーズン1は満足度平均98％の高評価を得た。2021年6月11日に配信されたシーズン2も96％という高い数値で肯定的なレビューが並んでいる。

これまで、世界的にヒットする作品の大半は言語が英語によるものか、ハリウッド俳優が出演するアメリカ発のものだった。これはネットフリックス作品に限らない。長年にわたって、アメリカドラマが優勢であることは周知の事実にある。だからこそ、なぜ劣勢の外国語作品からこれほどの結果を残すことができたのかと、疑問が生まれてくる。

その答えは、オンライン上で開催されているフランスの国際ドラマ祭「SERIES MANIA（シリーズ、マニア）」の2月10日のフォーラム「RENDEZ-VOUS（ランデヴ）」に登壇した『Ｌｕｐｉｎ』の制作陣の発言にあった。監督のルイ・ルテリエ氏と、制作したゴーモングループのゴーモン・テレビジョン社長兼プロデューサーのイザベル・ディジョージ氏が揃うなか、ネットフリックスフランスの国際オリジナル作品ディレクターのダミアン・クーヴル氏が端的にこう話していた。「主演のオマール・シーのスター性とイギリスの脚本家ジョージ・ケイの才能が成功へと導いた。『アルセーヌ・ルパン』を現代に生きるルパンとしてキャラクター化し、フランスらしいエッセンスを注入しながら、ファミリー向けエンターテインメントに仕上げたことも大きかった」と。主演俳優と脚本家の必然的な選択、そして、フランスが生み出したIP（知的財産）を活かしきれたということだ。これこそ「ローカル発ヒット」の法則だろう。

主演のオマール・シーは超メガヒットの恐竜SF映画「ジュラシック・パーク」シリーズにも出演、フランス映画『最強のふたり』で世界的にブレイクし、フランス国内で好感度ナンバーワンの呼び声が高い俳優。世界的に名の知れた役者はそれだけでメディアに取り上げられやすく、有利に働くことは間違いない。だが、そんな単純な理由だけではない。この作品にとってオマール・シーの主役起用は欠かせないものであったからだ。アフリカ移民2世というシー自身の生い立ちと重なるように、劇中ではパリで育ったセネガル移民の子・アサン役を演じ、「怪盗紳士ルパン」から着想を得て、巧みな知恵とユーモアでエレガントに強盗を働くその姿はダークヒーローの大泥棒ながら共感を抱かせた。フランス社会の中で、アフリカ系フランス人をはじめ異人種に対して蔓延《はびこ》る偏見や格差に対して、説得力のあるメッセージを伝える役割を全うした。

そして、脚本家の選択にも必然性を感じる。脚本家のジョージ・ケイはフランス人ではなく、イギリス出身の人物。サンドラ・オー主演のイギリス製作ドラマ『キリング・イヴ／Killing Eve』やネットフリックス・オリジナルの『クリミナル』シリーズなど、国際感覚に優れた犯罪スリラーものが得意な脚本家だ。ケイはパリの街そのものについては熟知しておらず、そのため脚本に手を付ける前にシナリオ・ハンティングの際にいろいろ巡った場所が脚本に落とし込まれている。凱旋門にシャンゼリゼ通り、セーヌ河といった、わかりやすいイメージのパリの街並みが使われ、シーズン1の最も重要な導入のシーンでは、世界最大級のルーヴル美術館を舞台に視聴者の関心を最大限に引き寄せた。またシーズン2では地下の納骨堂カタコンブやシャトレ座などを使って、場面を効果的に見せるための設計力を引き上げた。もしかしたら、パリに住んでいるフランス人だったら選ばないような場所もあったかもしれない。客観的な視点で選ばれたロケーションが功を奏したのだと言える。意図せず、このコロナ禍で飛行機を飛ばしてパリの街までたどり着けない世界中の視聴者に旅行気分を味わわせ、そんなタイミングも味方に付けていたのである。

2つ目の成功要因であるIPの活かし方については、日本が生んだ「ルパン三世」から紐解くことができる。そもそも「ルパン」というキャラクターは少なくともアメリカ人には馴染みがなく、ルパンを題材にしたアメリカ映画は1944年に公開された「ルパン登場（「Enter Arsène Lupin」）を最後に現れていない。アメリカ人にとっては、ほぼ無名のキャラクターなのである。そんな知る人ぞ知る「ルパン」を実は漫画アニメ大国の日本がアルセーヌ・ルパンの孫という設定で、キャラクター化に成功させていることに改めて関心が寄せられた。ルパンを〝再生〟させ、海外でも成功させた元祖は『ルパン三世』であることがフォーカスされている。2015年にはイタリアで新作が全世界に先駆けて放送され、そのお披露目発表会がフランス・カンヌの国際テレビ見本市MIPCOMで行われた時、世界各地のメディア関係者やジャーナリストが現場に殺到した様子を目にした。そこで改めて『ルパン三世』の欧州での人気ぶりを実感したわけだが、ドラマ『Ｌｕｐｉｎ』の成功によって、日本のクリエイターが可能性を秘めたキャラクターの再生を既にやってのけていたことへの先見性も、誇りに思える。

そんな日本の事例もあるルパンのＩＰを、ドラマ『Ｌｕｐｉｎ』もしっかり活かしている。「狙った獲物は必ず盗む神出鬼没の大泥棒で、いつも銭形警部に追いかけられている」あのルパン三世の基本イメージからそう遠くないルパン像が描かれ、憎めない愛されるキャラクターに仕上げている。それはつまり「ルパン」がブレにくい鉄板ＩＰであることを意味している。ローカルが生んだ財産を最大限に活かすことが「ハイパーローカル」であり、ネットフリックスはそれを世界各地で実現しようとしているのである。

『愛の不時着』『梨泰院クラス』を生む韓国のケース

ネットフリックスはローカル発の世界ヒット作をアジアから生み出すことも狙っている。それを裏付ける根拠がローカルオフィスの存在だ。２０２１年1月現在、アジア地域にはネットフリックスのローカルオフィスは計5か所にある。日本、韓国、インドがアジアの重点国として考えてられていることから、日本・東京の開設を皮切りに、韓国・ソウル、インドはムンバイとデリーにローカルオフィスが作られ、そして東南アジアはシンガポールに拠点が置かれている。それぞれ国や地域に応じたマーケティングやPR、コンテンツ開発を行うための組織を作ることがいかに重要であるかをネットフリックスは知っている。国ごとによって異なる商慣習を知らずして、最適なコンテンツを作り出すことはできないのだ。加えて、グローバル企業である利点を生かしている。アジア間の担当者同士の交流もあることは、第4章で触れた通り。日本を含むネットフリックスのアジア地域で担当者が集まるアジア全体ミーティングが毎週行われている。

日本と密接な関係性を結びつつあるネットフリックス韓国から学ぶべきことは多い。ネットフリックス韓国は日本のメディアとオンライン上で初の合同取材会を2021年2月25日に設け、そこに筆者も同席する機会を得た。対応したのはネットフリックス韓国の顔であり、ネットフリックス アジアを牽引するコンテンツ部門バイス・プレジデント（韓国、東南アジア、オセアニア圏）のキム・ミニョン氏だった。30分というわずかな時間だったが、キム・ミニョン氏はネットフリックス韓国の現状とコンテンツ戦略の考えを彼女自身の言葉で伝えていた。

この日は約2時間半に上るオンライン新作発表イベント「See What's Next Korea 2021」も開催されたタイミングだった。その時明かされた内容で注目したのは、今後の韓国におけるコンテンツ投資計画と具体的な投資金額だった。ネットフリックスは２０１６年から20年の5年間、韓国コンテンツに対して約7億ドル（約７６０億円）を投資し、初の韓国オリジナル作品であるゾンビスリラー『キングダム』を発表して以来、約80本の作品を全世界に配信したことが改めて報告された。さらに２０２１年はそのペースを上げ、韓国発コンテンツに約5億ドル（約５４５億円）を投資する計画が明かされたのだ。２０２０年末時点で韓国での有料会員数は３８０万人に達したこともわかった。同時点で５００万人と発表された日本の会員数を下回るものの、世界的に視聴実績の高い韓国発コンテンツはバリエーションも数も多い。

日本では『愛の不時着』や『梨泰院《イテウォン》クラス』に代表されるような韓国が得意とする悲恋や財閥争いを題材としたものが話題になりやすい。だが実は、日本以外の国では異なるテイストの作品が好まれてもいる。例えば、韓国三大芸能事務所のひとつ、ＹＧエンタテイメント所属の４人組ガールズグループ「BLACKPINK」を追ったドキュメンタリー『BLACKPINK ～ライトアップ・ザ・スカイ～』はヒット作のひとつにある。BLACKPINKは米ビルボードのメインアルバムチャートで初登場2位を記録するなど、これまでK－POPガールズグループとして歴代最高のヒット記録を塗り替え続けている。所属事務所が時価総額1兆円上場で話題になった男性ヒップホップグループBTSと並んで、世界進出に成功するK－POP二大勢力にあるアーティストを取り扱った作品である。アメリカ最大手のエンターテインメント誌ヴァラエティをはじめ各種メディアが注目作として取り上げた。

配信開始から28日間で世界のネットフリックス会員2200万人が再生したホラー系SFサスペンス『Sweet Home －俺と世界の絶望－』も韓国発の世界ヒット作に並ぶ。米国、カナダ、フランス、ドイツ、カタール、UAE、インドなどの多くの国・地域で支持された。原作はNAVERウェブトゥーンで英語・日本語・フランス語・スペイン語・中国語など9ヵ国・地域の言語でサービス展開され、世界累積閲覧回数12億再生を記録する人気作である。なお、ウェブトゥーンとは縦スクロールで読めるウェブ漫画のことで、「スマホでサクサク読みやすい」と日本をはじめ海外にも広まっている韓国発のものだ。世界で渡り合える〝ストーリー産業〟を生み出そうと、政策によって促進されていった韓国ＩＰ活用の本丸であり、その戦略通りに『Sweet Home』のようなウェブトゥーン原作のドラマが増えている。キム・ミニョン氏は韓国のエンターテインメント全般でその傾向があることを認めつつ、「ウェブトゥーンは際どい表現が求められる題材が多く、それが要因でこれまで実写化に至らない作品も多かったのです。しかし、ネットフリックスでは自由な表現を大切にしているので、それが実現できています。だからこそ、化学反応を起こせたと思っています」と話し、ネットフリックにおける成功を自負している。

なお、『Sweet Home』を手掛けたプロダクションはスタジオドラゴンである。これも成功の理由のひとつである。先に述べたように、韓国大手財閥のＣＪグループの傘下で資金力もあり、『愛の不時着』をはじめネットフリックスとのタッグによって韓国有数のプロダクションとして世界的にも知名度を上げている。作品のオープニングには毎度、自信たっぷりにプロダクションブランドを刻む。

こうした勢いに乗って、コンテンツ投資が増強されるというわけである。キム・ミニヨン氏はイベントで「ネットフリックスが韓国でサービスを開始する以前から、韓国のコンテンツは世界レベルに位置づけられていました。今年はアクション、スリラー、SF、スタンドアップコメディ、シットコム（シチュエーションコメディ）など、様々なジャンルを網羅した韓国作品を数多く提供します」と、強調した。スタンドアップコメディなど欧米のトレンドコンテンツも提供し、これまで以上に多様なコンテンツを提供していくことで、さらなる成長拡大を狙っていることがわかる。さらに、一過性のブームに終わらせないための施策も練っている。キム・ミニョン氏にその考え方について質問を投げると、「コンテンツの量も質も、バリエーションも、ロングシーズン化を目指していくことも考えています。全ての要素を大事にしていきます」と言い切った。そのカギとなるのが「持続的にエンターテインメントを提供すること」だという。この持続性を保つ体力があることは、5億円の投資額に裏付けられる。

韓国に期待が寄せられていることは、ネットフリックス共同CEO兼最高コンテンツ責任者のテッド・サランドス氏がイベントでビデオメッセージを通じて発した言葉からも感じられた。「韓国作品がグローバルエンターテインメントのトレンドとして定着していることを実感しています」と述べ、韓国の勢いを象徴するものになっていた。

ネットフリックス韓国は、ソウル近郊に位置する京畿道《キョンギド》の坡州《パジュ》市と漣川《ヨンチョン》郡に2つのプロダクション施設を設立する計画も進めている。コンテンツ投資を拡大し、スタジオ増強で制作環境を向上させ、正の連鎖まっしぐら。「ハイパーローカル」コンテンツを生み出す理想的なかたちを着々と築いている。何より、世界ヒット級のアジアエンターテインメントを確立させようとしている強《したた》かさがネットフリックス韓国にはある。

インドの良作オリジナル映画『ホワイトタイガー』

日本、韓国と並び、ネットフリックスがアジアの成長のカギとなる地域に挙げているインドも、脅威的な存在だ。「インドは柱となる国」と公言してきたネットフリックスは戦略通りに、ローカルコンテンツの投資を強化している。2019年以降、インドだけで4億ドル（約436億円）のオリジナルコンテンツの開発・制作と買い付けコンテンツに投資している。世界的に評価を集める作品もある。2021年1月から世界配信されたネットフリックス・オリジナル映画『ザ・ホワイトタイガー』はそのひとつ。ニユーヨーク・タイムズ紙のベストセラーに選ばれた2008年のマン・ブッカー賞受賞小説を原作に映像化したもので、現代のインドらしい無骨な起業家のサクセスストーリーから、汚職やカースト格差などインドの内部事情を表している良作だ。さらにインドでは、脚本作りから編集まで一貫して対応できる新たなプロダクション施設をムンバイに開設する計画を進めている。2022年6月までにフル稼働させる予定だという。

一方、会員数の上ではまた発展途上といったところで、着実に伸びてはいるが、ネットフリックスのインドにおける会員数は2020年末の日本のそれと同じ500万ほどだ。ライバルのアマゾン・プライム・ビデオは既に約1700万、ディズニープラスは地元の動画配信サービス（インターネット回線を通じてコンテンツを配信するストリーミングサービス）を買収したことで2500万を超えている。同じグローバルプレイヤーがシェアを拡大していることと、インドのSVOD市場に大きなポテンシャルがあることがネットフリックスインドの強化の背景にある。インド全体のSVOD加入者数は2020年度末で1億人を突破し、アメリカ、中国に次ぐ規模なのである。その圧倒的な加入者数のみならず、独自のサービス展開が注目の的である。インドでは黎明期より

ALTBalajiやEros Nowといったローカルプレイヤーが通信会社と組み、SVOD市場の裾野を広げてきた経緯がある。モバイル向けに低価格で提供し、課金や支払いのハードルを下げたことが新興サービスにとって得策となった。そんな市場の特性に合わせて、ネットフリックスを含むグローバルプレイヤーが提供するサービスも、パッケージ化されたバンドル売り（セットにして販売すること）を基本としている。英リサーチ会社のアンペア・アナリシス（Ampere Analysis）の調査レポートによると、少なくとも6つのサービスを組み合わせてパッケージ販売されていることが報告されている。なかでもアグリゲーター最大手のReliance Jio（リライアンス・ジオ）は2016年のサービス開始以来、市場を牽引し、ローカルプレイヤーをはじめ、ネットフリックスらグローバルプレイヤーを含めてSVODサービスの提供数は10以上にも及ぶ。

アンペア・アナリシスのアナリストオリナ・ザオ氏は同社のレポートで次のように述べている。「インドのSVODサービスはターゲットを細分化し、地域パッケージや週単位のオファーなど、新しいサブスクリプションプランを試しているところもあります。しかし、これらのサービスは価格を主なセールスポイントとして使い続け、インドのSVOD市場全体を表現するために『ワンルピーTV』という言葉まで作られています」。

実際にはもちろん1ルピー（約1・5円）の価格で販売されているわけではないが、例えばネットフリックス単体でモバイル専用メニューが月額199ルピー（約290円）で提供されている。ネットフリックスのこの破格値の月額料金からみても、「ワンルピーTV」と揶揄されることに納得させられる。

ネットフリックスのアジア太平洋地域における成長は日本と韓国、インドが牽引していることは世界最大手のリサーチ会社メディア・パートナーズ・アジア（MPA）による最新調査結果から示されている。MPAは、ネットフリックスの韓国、日本、インド3国を合わせたオリジナルコンテンツ制作やコンテンツ買い付けの投資額は約10億ドル（2021年）と予測する。ネットフリックス韓国が約5億ドルと発表していることから、日本とインドあわせて投資額は約5億ドルということだ。投資額を見る限り、韓国はグローバルヒットを制作する力がある国、インドは競合他社との競争力に打ち勝つべき国、そして日本は国内加入者数を安定的に維持することを優先する国だと考えられていると思う。もしそうであれば、日本のオリジナルコンテンツの国際競争力は他国と比べて弱さが際立ってしまう可能性がある。

ネットフリックス・オリジナルとは何か？

改めてネットフリックス・オリジナルコンテンツの強みを考えたい。これまでフランス、韓国、インドの例を挙げたが、ネットフリックス・オリジナルを楽しむ醍醐味は今、様々な国・地域と言語の作品が公開と同時にタイムラグなく世界のネットフリックス会員と共感できることにある。世界中で外国語シリーズや字幕視聴を受け入れられている事実からそう断言できる。ネットフリックスは２０２０年に米国の視聴者がプラットフォーム上で何をストリーミングしていたかを分析したところ、外国語タイトルの視聴が２０１９年と比べて50％以上増加していることを明らかにした。２０２０年末に2億人の会員数を突破した際にはネットフリックスのグローバルリーチが増加したことも発表した。２０２０年は新規会員の83％を北米以外から獲得し、そのうち欧州は41％を占め、アジア太平洋地域は前年より65％増えた会員数９３０万に達したことがわかった。多言語、多文化の視聴者を抱えるグローバルサービスで「ハイパーローカル」コンテンツを揃えることを必然的なものにした。

テッド・サランドス氏とグローバルテレビ部門責任者のベラ・バジャリア氏が2020年11月11日に出席した国際メディア会議「Paley International Council Summit（プレイヤー・インターナショナル・カウンシル・サミット）」でネットフリックス・オリジナルコンテンツの方針について言及した時にも「ハイパーローカル」コンテンツの考えが垣間見えた。バジャリア氏はスペイン発の世界ヒット作『ペーパー・ハウス』をはじめ全世界のネットフリックスのオリジナルコンテンツを指揮し、言わばサランドス氏が推進してきたネットフリックスの異端児スピリットを受け継ぐ人物である。そんなバジャリア氏がこう話していた。「ネットフリックス にとって大きな誇りとなるのは、世界を楽しませることにあります。これまで世界に輸出される作品の多くはハリウッド発のものでしたが、今では、どの国のどの言語のクリエイターも番組を制作しており、それらの番組は世界中に展開されています。私は、世界を楽しませる最前線にいたいと思っています。それはインドの仲人についてのリアリティショーでもいいし、ファミリービジネスについてのフランスのコメディでもいいし、チェスの神童についてのリミテッドシリーズ（１シーズンで完結するシリーズ）でもいいし、イギリスの君主制についての権威ある番組でもいいのですよ」。

インドのリアリティショーは『今ドキ！　インド婚活事情』という、インドの婚活事情のリアルに迫った世界ヒット作のこと。フランスのコメディは『ファミリー・ビジネス：マリファナ・カフェへようこそ』であり、後に外国語最大ヒット作『Ｌｕｐｉｎ／ルパン』に繋げていったフランス発のドラマだ。チェスのリミテッドシリーズは日本でも大ヒットした『クイーンズ・ギャンビット』を指し、イギリスの君主制番組とはロングシリーズ化のヒットの代表作『ザ・クラウン』である。この２つの作品については次の節で詳しく述べたい。いずれにしろ、これらの作品に共通するのはハリウッド発であれローカル発であれ、ネットフリックス会員であれば世界中の誰もが楽しむことができるストーリーであるということ。言うなれば、ネットフリックスはコンテンツ業界の常識を変え、優先順位の最上位に〝ネットフリックスファン（Ｆａｎ）のためのファン（Ｆｕｎ＋楽しめる）ストーリー〟を置いたのだ。これはハリウッド発のコンテンツだけが世界を制する時代は終わり、ローカル発のコンテンツにも同等のチャンスが与えられ、ハリウッド発からローカル発まで、多様な価値を持った「ハイパーローカル」コンテンツが存在する世界を意味する。全世界同時配信を可能にしたネットフリックスのインフラによって、それが実現したのである。異端児ネットフリックスらしいやり方で、コンテンツビジネスの新しい道を拓いた。だからこそ思う。コンテンツ制作において国や地域に視野を狭める必要はなく、ファンはファンで新しいストーリーを楽しむ力を増していくのではないだろうか。

『ザ・クラウン』vs.『クイーンズ・ギャンビット』

ネットフリックスのネクストプランにはコンテンツ業界に蔓延《はびこ》るヒットの法則の常識を変えていく考えもある。それは惰性でロングシーズン化を行わない方針に集約されている。これまでコンテンツ業界を牛耳ってきたハリウッドの常識では、連続ドラマに至ってはロングシーズン化がヒットの法則だと考えられていた。日本のドラマもヒット作は当然のように続編が作られ、映画化にまで繋げることによって、作品ファンを囲い込み、コンテンツビジネスの旨味を引き出してきた。ネットフリックス・オリジナルも初期の作品であればあるほど、ロングシーズン化の流れを踏んでいた。『ハウス・オブ・カード　野望の階段』や『オレンジ・イズ・ニュー・ブラック』といったシーズンを重ねた作品が並ぶ。だが、ここにきてネットフリックス・オリジナルの成功のかたちに変化が起こっている。成功のかたちを十把一絡げに追求しないネットフリックスらしいやり方がみられる。

潮目が変わったのは世界中が突如、コロナ禍に見舞われた2020年。評判を得たネットフリックス・オリジナルから相次いで「打ち切り決定」が報じられた。なかでもSFドラマ『ノット・オッケー』の打ち切り発表は波紋を呼んだ。ホラー映画史上最大のヒット作と言われる『IT／イット』シリーズのソフィア・リリス主演作で、『ストレンジャー・シングス　未知の世界』のショーン・レヴィが製作総指揮や『このサイテーな世界の終わり』を手がけたジョナサン・エントウィッスルが監督を務めた青春ヒューマンドラマとSFを掛け合わせた内容が人気を集めたが、コロナ禍による撮影困難を理由に1シーズンで幕を引いた。それに反論した作品ファンによってハッシュタグを活用したSNS上での抗議や署名活動が行われたことが話題になった。最終話のエンディングが次章への伏線を張っていただけに、少なくとも残念に思った視聴者は多かったはずだ。筆者もそのひとりだった。業界全体でこれまで視聴率不振や出演者のトラブルを理由にドラマが打ち切りになるケースは決して珍しくなく、ネットフリックス側の条件が揃わなかったことによる判断と言えばそれまでだ。だが、この出来事がきっかけとなって、ロングシーズン化に対するネットフリックスの考えが求められた。クリエイターとファンファーストを掲げているはずのネットフリックスは一体どう考えているのか。その答えはネットフリックス・オリジナルの成功例にある『ザ・クラウン』と『クイーンズ・ギャンビット』から導き出されている。

『ザ・クラウン』は在位中（2021年8月現在）のエリザベス2世を主役に、英国王室ファミリーの物語を事実にもとづきながら、ドラマチックに描いた連続ドラマである。2016年にシーズン1が配信されて以降、配信後28日間で作品が再生された数は1億以上。エミー賞など数々の受賞歴もあり、2020年11月から配信開始された最新シーズン（シーズン4）はネットフリックス史上最多の視聴記録を更新し、人気が衰える様子はない。ネットフリックスの全世界会員数２億突破に大きく貢献した番組のひとつと言える。

総合的に評価の高いドラマであることは、テッド・サランドス氏も認め、企画段階から太鼓判を押していたことを明かしている。第４章で触れた２０２０年10月のフランス・カンヌのテレビ見本市のオンライン・キーノートに登壇した時のことだ。『ザ・クラウン』についてこう言及していた。「脚本のピーター・モーガンとはじめに『ザ・クラウン』について話し合った時、既に彼は６シーズンの全てのストーリーボード（草稿）を語ることができました。だからこそ、彼が提案した通りに展開していくことにスリルを感じるのです。ほとんどの場合、クリエイターがそこまで明確な創造的なビジョンを持っていないのが現実です。番組の多くはエピソードが尽きるよりも、クリエイティブなアイデアが尽きる方が早いと思うのです」。

この発言は、作品のロングシリーズ化について「惰性でシーズンを重ねる必要はない」というネットフリックスの考えを裏付ける。『ザ・クラウン』はロングシリーズ化に価値があり、数回のシーズンにまたがって完結する作品であることが当初から計画的に進められていたからこそ、ロングシーズン化に至っていることを強調する発言だった。

またＳＶＯＤと従来のテレビは、ビジネスモデルが根本的に異なることから、ロングシーズン化に対する考えに違いがあることもサランドス氏は指摘した。「ＳＶＯＤの世界では番組が長く続くことが必ずしも成功とは、言い切れない。従来のテレビとはビジネスモデルが異なるからです。（北米の）テレビ界は、シンジケーションというビジネスモデルを中心に発展し、成功の尺度は番組がどれだけ長く続いているかどうかに重きが置かれていました。１００エピソードに到達させることが、従来のメディアでは成功とされてきたのです」

アメリカでは日本とは異なるテレビのビジネスモデルがあり、ネットワーク以外でもテレビ番組が売買され、活発に流通されている。それがシンジケーションと呼ばれるものであり、これが北米市場で確立されたことで、番組を制作するクリエイターたちはロングシーズンに及ぶヒット作を生み出せば生み出すほど、ビッグマネーを手に入れてきた。だが、今はネットフリックスをはじめとするＳＶＯＤオリジナルが花盛りの時代だ。番組流通バブル期は過ぎ去り「シンジケーションはかつてのような金脈では、もはやない」とサランドス氏は言い切った。

ロングシーズン化だけがドラマシリーズの成功のかたちではないと言わしめる作品がロングシーズン論争中に登場する。それが『クイーンズ・ギャンビット』である。天才チェスプレイヤー少女ベス・ハーモンが男性優位のチェスの世界でクイーンへとのし上がっていくストーリーを描くもの。２０２０年12月の時点で、１シーズン完結型のネットフリックス・リミテッドドラマシリーズのなかで最も成功した作品である。10月の公開後28日間で、世界２億人いるネットフリックスユーザーのうち６２００万人が視聴し、ネットフリックスで配信されている約半分の国でトップ10入り。イギリス、アルゼンチン、イスラエル、南アフリカなど、計63の国・地域でランキング１位を記録した。日本では配信スタートからやや遅れたタイミングだったが、堂々トップ10入りし、主演女優のアニャ・テイラー＝ジョイ人気が相まって、話題作になった。全７話の中に凝縮されたストーリー構成力と映像表現力の高さも評判を呼んだ。

ネットフリックス・オリジナルはこうした満足度の深さを追求することこそが成功の尺度にある。これをモットーに、失敗を恐れず型にはめずにまずは試みていくことは今後も継続されていくであろう。今や世界の全人口の半分にあたる約40億人が所有するスマートフォンでの視聴を前提とした1話10分程度のストーリーを集めた短編集のコンテンツにも、積極的に投資している。連続ドラマの続きを配信するタイミングに規則性がないことだけは、待たされる身として辛いものを感じるが、待つ価値のあるコンテンツであればその不満はすぐにでも解消される。

コンテンツ戦略の転換期

2020年7月に共同CEOに昇格した時にテッド・サランドス氏は「毎年2倍以上のペースで、作品の規模を拡大することに力を注いでいる」と述べた。今やストリーミング市場のトップを独走し、巨大エンターテインメント企業ディズニーと肩を並べるほどのメディアパワーを持つようになるまでに至った原動力を一言で言い表すものだった。また、時代のニーズを先読みしながら配信ファーストを確立し、70年にわたるテレビ産業と100年の歴史がある映画産業の既存のビジネスモデルを覆すことになったネットフリックスが、それらを一朝一夕に実現してきたわけではないとでも訴えかけているようにも受け取れる。一方で、トップに上り詰めてしまった今、異端児と言われたことが過去のことになりつつある。追う立場から追われる立場に変わり、エンターテインメント業界を率いる王者としての顔を新たに持つなかでも、ネットフリックスらしさを追求していくという決意を込めた発言にも聞こえる。

そして、ハリウッド直下のストリーミングサービスの世界展開が急速に普及し始めている今、その影響を受けたネクストプランが進められている。

例えば、最大のライバルであるディズニーに追随した、新たな動きをみせている。２０１９年11月に北米でローンチしたディズニーの「ディズニープラス」は、２０２１年３月に世界の有料会員数が１億人を突破した。展開する国と地域は同月現在、カナダ、オーストラリア、ニュージーランド、ヨーロッパ、ラテンアメリカ、東南アジアなど59ヵ国・地域。年間１００本以上の新規タイトルを配信で提供する計画を打ち出し、コロナ禍で映画館閉鎖を理由に実写映画『ムーラン』をはじめとする、各大型タイトルを配信ファーストに切り替えた流れを、今後も継続していく意向を示している。

そんなディズニープラスの成功例にはスター・ウォーズ実写ドラマ『マンダロリア

ン』がある。単に視聴数を稼いだ作品としての成功例ではなく、長期戦でフランチャイズに発展できるコンテンツ開発作品としての成功例が『マンダロリアン』なのである。莫大な利益をもたらしてきたディズニーのコンテンツビジネスのノウハウがディズニープラスでも実践されている。ディズニーが何年にもわたるコンテンツのロードマップを用意し、グッズ展開に至るまで収益を広げているのは周知の事実。例えば、スター・ウォーズブランド全体の収益を大きく占めるのはグッズ販売にある。映画興行収入より4倍稼ぐのだ。このディズニーの垂直統合型のエコシステムにネットフリックスも興味を持ち始めている。

ネットフリックスが独自のフランチャイズを開発することに関心を示していることがわかる例には、世界最大規模の玩具メーカー、ハズブロと提携したキッズ向けオリジナルシリーズ『スーパーモンスターズ』や、スピンオフシリーズやイベントシリーズ計画のあるファンタジー系ドラマシリーズ『ウィッチャー』、『レッドウォール伝説』などがある。さらに独自のECサイト「Netflix.shop」を2021年6月に米国でオープンした。オリジナルアニメ『YASUKE －ヤスケ－』や『エデン』をモチーフにしたアパレル商品や、フランス発ドラマ『Ｌｕｐｉｎ／ルパン』を題材にルーブル美術館とコラボした装飾品などを取り扱っている。このように短期戦だけでなく、長期戦のコンテンツ投資にも目を向けていることがネットフリックスのまたひとつのネクストプランにある。

ネットフリックスが本命を狙う映画作品においても、競合他社を意識した動きがある。前述のように、アカデミー賞において攻防戦を繰り広げる相手、ＮＢＣユニバーサルやワーナー・メディアが直営のストリーミングサービスを２０２０年に開始したことは少なからず影響している。なかでも、ワーナー傘下のＨＢＯマックスは脅威的な存在だ。２０２１年には米国以外の60ヵ国・地域でサービスを開始する巨大勢力のひとつであり、こうしたグローバル市場でシェアを伸ばそうとしている競合他社に対して、先手を打つネットフリックスの施策として映画作品の投資増強があるというわけだ。２０２１年から毎週少なくとも1本の新作オリジナル映画を公開することを約束し、継続させている。

一方、ストリーミング戦争時代に合わせた新コンテンツ戦略を実行させていくため、同時に会員価格の値上げを各国で進めている。オムディアの調査によると、「加入の条件のなかで、料金を重視するユーザーは最も多い」という。価格を上げていくなかで、離脱していくユーザーも当然出てくることは想定内であろう。価格に見合ったサービス、コンテンツ群、コンテンツの質を見る目が肥えたユーザーに対して、それらの要素ひとつひとつをどれも欠けずに応じていく必要があることは、ネットフリックスに限ったことでもない。王者として、異端児として成長してきた意地が試される転換期にもある。

業界全体が潤う循環を作り出していくことも使命にある。新たなスターやショーランナー（制作総責任者）を生み出していくことがそのひとつにある。例えば、テレビ業界が生んだヒットメーカーと言えば、ネットフリックス作品では2020年にヒットした『エミリー、パリへ行く』のダーレン・スターや『ブリジャートン家』のションダ・ライムズがいる。こうしたスタープレイヤーの育成をネットフリックスが仕掛けていくことで、新進気鋭のショーランナーに俳優、女優、演出家、美術、衣装といった新しい人材が集まってくることが考えられる。世界進出の踏み台にネットフリックスがあるといった存在に自ら買って出ることが求められる。コンテンツ産業の発展途上にあるアフリカを支援する動きはそんな狙いがある。アフリカのコンテンツを推進するために設立された組織であるRealness Institute（リアルネス・インスティテュート）と提携し、南アフリカ、ケニア、ナイジェリアの脚本家を対象とした「Episodic Content Development Lab」を設立している。

英アンペア・アナリシス社の調査によると、ネットフリックスは、ヨーロッパにおいて新作ドラマの脚本を最も買い付けるコミッショナーとなっていることもわかった。2020年に飛躍的に成長したことによって、新作ドラマの脚本買い付け数が欧州最大の放送局であるイギリスのBBCやドイツのZDFを抜いた。アンペア・アナリシスのリサーチディレクター、ガイ・ビソン氏は「ネットフリックスは地域に密着したドラマに対して投資し続けることによって、グローバル企業でありながら、ローカル市場さえも牽引していくポジションを強化していく」と指摘している。ネットフリックスは様々な角度からコンテンツに投資していくことに迷いはないようにみえる。

ネットフリックスは日本の敵か味方か

この本の最後を締めくくるべき話は、日本とネットフリックスの今後の関係性だ。日本上陸前、「黒船」と譬えられたネットフリックスは5年経過した今でも未だ「敵」などと言われることがある。だが、ネットフリックスは日本のテレビ局やプラットフォーマー、クリエイターにとって本当に敵視する相手なのか、疑問に思う。

テレビ局はプラットフォーマーの立場から可処分時間の奪い合いの観点では確かにそうとも言えるが、今やYouTubeやTikTokといった視聴者投稿型メディアが台頭するなかで、ネットフリックスだけ目の敵にする時代でもない。また日本のSVOD市場のシェアをみると、第1章で述べたオムディア社の調査では、アマゾンとネットフリックスの合計シェアは約4割を占め、圧倒的。日本のローカル・プレイヤー（プラットフォーム）との差は広がるばかり。この点においても強敵であると捉えることができるが、消費トレンドとして注目されているネットフリックスが映像産業におけるSVOD普及率向上に貢献していると認めざるを得ない。

なお、日本のリサーチ会社GEM Partners（ジェム・パートナーズ）が2021年2月に発表した調査結果によると、コロナ禍を背景に日本の動画配信市場全体で大きく伸長した2020年ほどの成長率は今後見込めないが、今後、2025年にかけて年平均11・1%で成長し、2025年には6583億円まで拡大すると試算する。2020年の３０００億円規模から5年で2倍以上拡大する予測を立てている。だが、その中身は単純なものでないと筆者は考える。ネットフリックスだけが牽引役となって、市場を伸ばしていくわけではないだろう。２０２０年はＵ－ＮＥＸＴがローカルプレイヤーのなかで頭ひとつ抜けたように、それぞれ熾烈な争いを繰り広げながら次の一手を講じている。

アジアの他国・地域をみると、各地で既に再編が始まっている。閉鎖や買収が相次ぎ、地域に根付きながら中国テンセントや香港ＶｉｕＴＶは勢力を伸ばしている。つまり、ネットフリックスやアマゾン、ディズニープラスのグローバルプレイヤー一強ではない。互いに市場を活性化しているのだ。成長過程にあるなかで、自由な競争を促進していくネットフリックスはライバルでもあり味方でもあるという考え方が正しい。

また、ネットフリックスは資金力のある取引相手でもある。前述の通り、韓国はネットフリックスから5億ドルの投資を受け、世界進出にますます拍車をかけていく道筋を作っている。他国でも同じような動きがあるがゆえに、日本もネットフリックスからコンテンツ開発と制作費を調達していく道を探るべきだと思うのだ。これはネットフリックスだけを頼りにするというものではない。テレビを中心とした既存のビジネスモデルが破綻しつつあるなかで、収益を生む手段のひとつとしてネットフリックスを利用するぐらいの発想があっても良いのではないか。そんな意味合いだ。

そもそも世界のコンテンツ流通市場では従来の番組売買から開発投資にビジネストレンドが移行しつつある。ドラマであれば、企画から開発、制作、配信に至るまで最低3年、最長5年もの期間をかけ、1話あたり数億円規模の企画が増えている傾向がある。この手の企画は総称してプレミアムコンテンツと呼ばれ、このプレミアムコンテンツを推進してきたのがネットフリックスである。ネットフリックス日本オリジナルから1話数億円の規模の作品は2021年3月時点ではまだ生まれていないが、条件と企画を詰め、世界と戦えるコンテンツを作り出していくタイミングを逃してはいけない。

ここでつい日本が失敗しがちな面がある。国内市場の常識を世界市場で押し通そうとするところだ。特にキャスティングや演出面でそれが色濃く出がちだ。国内市場で成功したコンテンツ作りの考え方だけでは、世界ヒット作へと繋げにくい。多様な言語、文化から生まれた作品が並ぶネットフリックスでは、「メイド・イン・ジャパン」であることが特別なことではないことを認識する必要がある。なぜなら、ネットフリックスは制作国を敢えて表記していないからだ。その理由についてはネットフリックス日本の坂本和隆氏がこう説明している。「どこの国のどの作品もあくまでもネットフリックス・オリジナルとして独占的に配信しているのは、多様性は国の表記で表すものではないからです。ストーリーとクオリティにあると思っています」。またこの意識が共有されながら、『全裸監督』が作られていることは武監督が語ってくれた言葉から読み取れる。

「ストリーミングでは、視聴者は日本と海外の映画を区別せずに楽しむことができます。だからこそ、そもそも『日本の作品』といった区別をすること自体がナンセンスだと思う。作品はあくまでも作品として面白いと思うものを評価していく。そんな世界がネットフリックスには作られていると思うのです」。

つまり、コンテンツは「ユーザーが選ぶ時代」に変わり、もはや「日本の作品」であることを意識する必要もないのである。先見の明のあるネットフリックスは敵でもなければ、韓国の作品だけをライバル視する必要はない。ネットフリックスはハリウッドの超大作から低予算のローカル作品まで、ほとんど同じ条件で世界１９０以上の国と地域の視聴者の目に触れることができるプラットフォームを構築し、作品そのもので勝負に出るべき市場を作ってしまっただけなのだ。2億人の世界中のネットフリックスユーザーが、ひとつの作品を同時視聴できることに驚く必要はない。そんな作品がもしあれば、それはユーザーが主体的に選んだだけのことなのである。ただひとつ言えることは、ネットフリックスほどコンテンツビジネスの常識を覆してしまった企業はなかったということ。時代が求める方向へと導いていく異端児から学べることは多い。

ネットフリックスが2015年に日本に上陸し、わずか数年でこれだけの影響力を及ぼしたのは変化のスピードが早い時代性が後押ししたことが大きかった。ともすれば、5年後にはネットフリックスですら現在のテレビ局のようなレガシー的な存在になってしまいかねない。そうなってしまうことを是が非でも防ぐために、失敗をも恐れず質を追求したコンテンツ投資と制作を繰り返し、ニーズが常に変化するネットフリックスファンが満足できる新しいコンテンツを提供し続けることが覇者としての意地の見せどころである。

あとがき

ネットフリックスが日本に上陸してから、いちユーザーとしてコンテンツの楽しみ方の変化を実感していることがある。2019年9月に『全裸監督』シーズン1が配信された直後に参加した「アジアドラマカンファレンス」という、韓国・仁川で開催された国際イベントでの出来事だ。アジアを中心とする参加者が集まった、会議が始まる前の朝食の時だった。適当に座ったテーブルの席で筆者が日本人であることがわかると同時に、向かいの席の韓国人のプロデューサーが「全裸監督、見ましたよ!」と口火を切る。すると横に座っていたタイの脚本家も「ふふふ、私も。ひとりでじっくり見たわ」と続いた。それまで簡単な自己紹介に過ぎなかった会話が一気に広がっていった。感想を言い合えば言い合うほど、互いの距離感まで縮まっていった。それはまるで学生の頃、クラスメイトと「昨日の夜のアレみた？」とテレビ番組の話題に盛り上がったような感覚だった。

世界の番組コンテンツのトレンド情報を求めて、２００８年からコツコツと取材を続けているが、リリースされたばかりの日本の番組コンテンツをタイムラグなく話題にできることが何より新鮮だった。ネットフリックス台頭以前は、番組コンテンツが世界に流通されるまでにそれなりの時間を要することが常だったので、国境を越えた作品を熱量が高いままに語り合えたことは感慨深かった。以前なら日本のドラマの話題で唯一盛り上がるのは、90年代のテレビドラマぐらいだったからだ。このわずか5年ほどで想像もしていなかった会話が繰り返されている。

フランス人の知人から韓国ドラマの面白さを懇々と説明されることもある。目を丸くしながら「韓国ドラマがこんなに面白いものだと思わなかったよ」と、話が止まらない。各国のマーケットでよく顔を合わせる海外プロデューサーらとＺｏｏｍで雑談している時もこんなやりとりがあった。「『愛の不時着』の記事を書きながら、私自身がハマってしまった」と漏らせば、作品タイトルが共通言語として伝わり、「あの作品ね。その気持ちはわかるよ」と返ってくる。どの国の相手とも、どの国の作品でもネットフリックスから世界配信された話題作であれば、大抵は打てば響く。知られていない作品の場合でも、「後でチェックしてみる」となるのだ。周りも作品を介したボーダレスな会話を楽しんでいるように思う。

そもそも作品の楽しみ方は視聴している時だけではなく、視聴後に作品を語り合うことにも醍醐味があると思っている。会話の肴として味わうことができる作品ほど、作品に対する情が深まる感覚を覚える。日常生活での会話も、それに溢れている。我が家では中学生の娘とネットフリックスで配信されている番組を共有することも多い。今回紹介した作品の中ではSFホラー『ストレンジャー・シングス』はそのひとつ。登場人物やストーリーの展開を考察しながら、互いの感想を言い合い、作品の余韻を回収し楽しんでいる。

作品がコミュニケーションの一部になって、相手を知るカギになり、新しい視点を得る力にもなる。もちろん、SNS上で共有することでもそれを体感できる。もしかしたらネットフリックスはそんな作品の咀嚼の仕方を楽しむことができる世界を広げたかったのではないかと思う。

というのも、先陣を切って世界190の国と地域に向けて一斉に配信するモデルを実現したからこそ、成立する話であるからだ。各国のローカルの香りがするオリジナル番組を増やしていることで、広がる。身近にいつでもどこでも触れることができる作品が日常会話の中でも生き、グローバルで作品熱を高める世界があってもいい。そんな考えも根底にあったのではないか。この本で考察したネットフリックスの戦略と流儀からも理屈に合う。

思い返せば、ネットフリックスを取材し始めたのは上陸の1年ほど前、2014年からだった。フランス・カンヌの会場でテッド・サランドス氏の講演を聞いたその時にネットフリックスの存在に熱を感じた。取材を進めていくうちに独自の戦略を理解するようになると、顔が見えなかったネットフリックスの表情が見えてくるようになり、作品の背景を知る喜びが増えていった。日頃執筆している記事では少しでもわかりやすく知り得た情報を共有し、読んでいただいた方の日常生活やビジネスの場で、新たな気づきが生まれればと思い、届け続けている。

そんな活動の延長線上で、また集大成としてこうしてまとめることができた。この本をきっかけに皆さんと新たな会話が始まるのではないかと、密かに期待しています。

2021年8月

長谷川朋子

参考文献

●第1章

Richard Middleton, "TBI Weekly: Delving into Netflix's results & its global insights," *Television Business International*, 17 July 2020.
https://tbivision.com/2020/07/17/tbi-weekly-how-netflixs-results-provide-a-mirror-to-the-world/

●第2章

Andrew Ridker, "Letter of Recommendation: 'terrace-house'," *THE New York Times Magazine*, 25 May 2017.
https://www.nytimes.com/2017/05/25/magazine/letter-of-recommendation-terrace-house.html

Emma Jacobs, "Marie Kondo is back to 'spark joy' in your work," *FINANCIAL TIMES*, 1 April 2020.
https://www.ft.com/content/5c8c5f90-7368-11ea-ad98-044200cb277f

●第3章

Margeaux Sippell, "Alfonso Cuarón Defends Netflix Following 'Unfair' Question at Globes," *Variety*, 6 January 2019.
https://variety.com/2019/film/news/alfonso-cuaron-blasts-journalist-backstage-golden-globes-1203100956/

中公新書ラクレ
744

NETFLIX 戦略《せんりゃく》と流儀《りゅうぎ》

2021年10月10日発行

著者……長《は》谷《せ》川《がわ》朋《とも》子《こ》

発行者……松田陽三
発行所……中央公論新社
〒100-8152 東京都千代田区大手町 1-7-1
電話……販売 03-5299-1730　編集 03-5299-1870
URL http://www.chuko.co.jp/

本文印刷……三晃印刷
カバー印刷……大熊整美堂
製本……小泉製本

Published by CHUOKORON-SHINSHA, INC.
Printed in Japan ISBN978-4-12-150744-0 C1233

中公新書ラクレ　好評既刊

L691
中国、科学技術覇権への野望
――宇宙・原発・ファーウェイ
倉澤治雄 著

近年イノベーション分野で驚異的な発展を遂げた中国。米国と中国の対立は科学技術戦争へと戦線をエスカレートさせ、世界を揺るがす最大の課題の一つとなっている。本書では「ファーウェイ問題」を中心に、宇宙開発、原子力開発、デジタル技術、大学を含めた高等教育の最新動向などから、「米中新冷戦」の構造を読み解き、対立のはざまで日本は何をすべきか問題提起する。著者がファーウェイを取材した際の貴重な写真・証言も多数収録。

L723
「スパコン富岳」後の日本
――科学技術立国は復活できるか
小林雅一 著

世界一に輝いた国産スーパーコンピューター「富岳」。新型コロナ対応で注目の的だが、真の実力は如何に？　「電子立国・日本」は復活するのか？　新技術はどんな未来社会をもたらすのか？　莫大な国費投入に見合う成果を出せるのか？　開発責任者や、最前線の研究者（創薬、がんゲノム治療、宇宙など）、注目ＡＩ企業などに取材を重ね、米中ハイテク覇権競争下における日本の戦略や、スパコンをしのぐ量子コンピューター開発のゆくえを展望する。

L732
膨張ＧＡＦＡとの闘い
――デジタル敗戦　霞が関は何をしたのか
若江雅子 著

ＧＡＦＡにデータと富が集中している。日本がそれを易々と許した一因に、にわかに信じがたい法制度の不備がある。国内企業に及ぶ規制が海外勢には及ばない「一国二制度」や、ＥＵに比べて遥かに弱い競争法やプライバシー規制、イノベーションを阻害する時代遅れの業法……。霞が関周辺にはそれらに気づき、抗おうとした人々がいた。本書はその闘いの記録であり、また日本を一方的なデジタル敗戦に終わらせないための処方箋でもある。